Physik (nicht nur) für Straßenkinder

Manuela Welzel-Breuer

Elmar Breuer

Physik (nicht nur) für Straßenkinder

Ein Praxis-Handbuch mit Experimentiervorschlägen

Manuela Welzel-Breuer
Fakultät III – Fach Physik
Pädagogische Hochschule Heidelberg
Heidelberg, Deutschland

Elmar Breuer
Leimen, Deutschland

ISBN 978-3-662-57662-5   ISBN 978-3-662-57663-2   (eBook)
https://doi.org/10.1007/978-3-662-57663-2

Die Deutsche Nationalbibliothek verzeichnet diese Publikation in der Deutschen Nationalbibliografie; detaillierte bibliografische Daten sind im Internet über http://dnb.d-nb.de abrufbar.

Springer Spektrum
© Springer-Verlag GmbH Deutschland, ein Teil von Springer Nature 2018

Einbandabbildung: Ein Kind untersucht gerade unter Zuhilfenahme einer Batterie und einer Glühlampe die Leitfähigkeit eines Löffels. © Manuela Welzel-Breuer, Elmar Breuer
Verantwortlich im Verlag: Lisa Edelhäuser

Springer Spektrum ist ein Imprint der eingetragenen Gesellschaft Springer-Verlag GmbH, DE und ist ein Teil von Springer Nature
Die Anschrift der Gesellschaft ist: Heidelberger Platz 3, 14197 Berlin, Germany

Vorwort

Liebe Leserinnen und Leser,

Sie fragen sich gerade, ob das Thema „Physik für Straßenkinder" für Sie interessant sein könnte? Das ist eine gute Frage, denn Physik und Straßenkinder sind zwei Themen, die auf den ersten Blick nicht wirklich zusammenpassen. Physik gilt als anspruchsvolle und schwer verständliche Wissenschaft und Straßenkinder sind in der Regel bildungsferne Menschen. Und dennoch: Wir sind zu der Überzeugung gekommen, dass die Beschäftigung mit physikalischen Phänomenen auf einem angemessenen Niveau auch für Straßenkinder ausgesprochen interessant und motivierend sein kann. Die Physik sollte den Kindern im Rahmen ausgewogener und sinnvoller Bildungsangebote nicht vorenthalten werden.

- **Für wen ist das Handbuch geschrieben?**

Dieses Handbuch richtet sich an alle Personen, die pädagogisch und sozial engagiert sind, sich für eine spannende und motivierende Gestaltung naturwissenschaftlicher Bildungsangebote interessieren, gerne von den Erfahrungen jahrelanger Arbeit mit Kindern in schwierigen Lebenslagen profitieren und selber naturwissenschaftliche Bildungsangebote gestalten möchten – beispielsweise für Straßen- oder Flüchtlingskinder in Deutschland oder irgendwo anders auf der Erde. Es richtet sich aber auch an Multiplikatoren, die pädagogische Fachkräfte theoretisch und praktisch ausbilden möchten und an alle, die sich für einen wissenschaftlichen Zugang zu unserem Thema interessieren. Das Handbuch sollte sich somit für Schülerinnen und Schüler, Studierende der Naturwissenschaften und des Lehramts, Lehrkräfte, Lehrerbildner, Ingenieurinnen, Pensionäre und Idealisten eignen, die ganz praktisch und konkret gemeinsam mit Kindern in schwierigen Lebenslagen physikalische Phänomene entdecken und erkunden möchten. Da Sie bereits zum Buch gegriffen haben, gehören Sie wahrscheinlich dazu.

- **Worum geht es?**

Aufbauend auf über 15 Jahre persönlicher Erfahrungen mit der Bildungsarbeit für Straßenkinder in Kolumbien, mit Straßenkinderprojekten in Deutschland, mit der Ausbildung von Masterstudierenden der Straßenkinderpädagogik in Heidelberg und mit Multiplikatoren der Physik für Flüchtlinge in Deutschland sowie Ergebnissen der wissenschaftlichen Begleitung unserer Bemühungen haben wir in diesem Buch unsere Kenntnisse so zusammenzutragen, dass andere von unserer Arbeit profitieren können – theoretisch und praktisch.

Einerseits stellen wir im Teil 1 ausgewählte, für uns relevante theoretische Grundlagen und Argumente für die Bildungsarbeit mit Kindern in schwierigen Lebenslagen vor, fokussieren dabei naturwissenschaftliche Bildung und beschreiben unsere Zugänge, Erlebnisse und Erfahrungen in Kolumbien. Andererseits beschreiben wir im Teil 2 von uns und anderen erprobte Experimentierreihen bzw. Projektideen und geben zu ihrer

Umsetzung praktische Tipps und Hinweise. Komplette Listen des benötigten Experimentiermaterials erleichtern die Vorbereitung und viele Fotos geben beispielhaft Einblicke in unsere Erfahrungen mit der Realisierung. Die Experimente sollten zum Nachmachen verleiten und zu weiteren kreativen Experimentier-Ideen führen.

Alle vorgestellten Experimentier-Ideen sind häufig und auch in unterschiedlichen Kontexten erprobt worden. Die Materialien sind einfach und in der Regel leicht zu beschaffen. Wir haben darauf geachtet, dass alle Experimente auch für interessierte Laien zugänglich sind, denn es geht uns nicht darum, Schul-Physikunterricht mit Laborgeräten zu gestalten oder ein Physikstudium im Fachraum zu realisieren. Ziel der vorgeschlagenen Experimentierreihen ist, überraschende physikalische Phänomene unter Alltagsbedingungen zu entdecken, genau zu beobachten und gemeinsam mit anderen zu erkunden.

Bevor Sie jedoch mit den Kindern und Jugendlichen arbeiten, sollten Sie alle Experimentier-Ideen selbst erprobt haben. Hilfreich ist natürlich, wenn Sie schon naturwissenschaftliche Grundkenntnisse mitbringen. Erleben Sie selbst die Phänomene und experimentellen Überraschungen! Mit diesen eigenen Erfahrungen wird Ihre Bildungsarbeit authentisch und besonders motivierend! Alle vorgeschlagenen Experimentierideen lassen sich abwandeln und ergänzen.

Manuela Welzel-Breuer
Elmar Breuer

Danksagung

Dieses Handbuch ist im Kontext des Projektes „Patio 13 – Schule für Straßenkinder" entstanden, welches von Hartwig Weber und Sor Sara Sierra Jaramillo 2001 als Kooperationsprojekt der Pädagogischen Hochschule Heidelberg, der Pädagogischen Hochschule Freiburg, der Universität Heidelberg und der Escuela Normal Superior María Auxiliadora in Copacabana, bei Medellín gegründet wurde. Hartwig Weber, inzwischen pensionierter Professor für Evangelische Theologie an der Pädagogischen Hochschule Heidelberg und Sor Sara Sierra Jaramillo, Rektorin der Escuela Normal Superior María Auxiliadora, ist es zu verdanken, dass der naturwissenschaftlichen Bildung im Projekt Patio 13 von Anfang an ein hoher Stellenwert eingeräumt wurde und dass wir uns mit unseren Ideen in unserem Teilprojekt „Physik für Straßenkinder" frei entfalten konnten.

Unschätzbare Unterstützung und wertvolle Zusammenarbeit erfuhren wir regelmäßig bei unseren Aufenthalten in Kolumbien durch die Studierenden unserer kolumbianischen Partnerschule, der Escuela Normal Superior María Auxiliadora in Copacabana. Deren unkomplizierter Zugang und deren Erfahrung in der Kommunikation und Bildungsarbeit mit den Straßenkindern Medellíns waren und sind eine wichtige Voraussetzung für das Gelingen des Projekts. Stellvertretend genannt seien Angela Uribe, Christian Ortiz Palacio, Nathalie Manco Villa, Daniela Correa Carmona, Melissa Giraldo Arenas, Sara Melisa Cataño und Sebastiàn Aguirre Orosco, mit denen wir über viele Jahre hinweg intensiv zusammenarbeiten durften.

Die Möglichkeit zur Mitarbeit im von Arnulf Quadt ins Leben gerufenen Projekt „Physik für Flüchtlinge" der Deutschen Physikalischen Gesellschaft war für uns eine wichtige Motivation, unsere Experimentierideen in eine leicht nachvollziehbare Darstellung zu überführen und die Bedingungen und Möglichkeiten der einzelnen Experimente genauer zu analysieren. Hier war die kreative und vertrauensvolle Zusammenarbeit mit Sara Schulz eine wertvolle Unterstützung.

Von Beginn an wurde das Projekt „Physik für Straßenkinder" durch unsere Heimatinstitutionen begleitet und unterstützt. Die Pädagogische Hochschule Heidelberg förderte im Rahmen der Hochschulkooperation mit der Escuela Normal Superior María Auxiliadora unsere Forschungs- und Entwicklungsaufenthalte. Dank der Landesstiftung Baden-Württemberg konnte der Austausch von Studierenden, die aktiv am Projekt beteiligt waren, finanziell mit Baden-Württemberg-Stipendien unterstützt werden. Die Deutsche Physikalische Gesellschaft zeichnete unser Projekt 2015 mit dem Georg-Kerschensteiner-Preis aus und half darüber hinaus bei der Kommunikation und Verbreitung unserer Erfahrungen und Ergebnisse. Nicht zuletzt konnten unsere Experimentierreihen über Multiplikatorenschulungen, gefördert durch das BMBF, direkt in die Bildungsarbeit mit Flüchtlingen einfließen. Das Gymnasium Englisches Institut in Heidelberg hat dem Projekt immer einen wichtigen Platz eingeräumt und für seine Durchführung notwendige Freiräume gewährt.

Wir bedanken uns herzlich.

Inhaltsverzeichnis

I   Einführung und methodische Zugänge

1   **Warum ausgerechnet Physik?** 3
1.1   Allgemeine und naturwissenschaftliche
      Bildung für Kinder in schwierigen Lebenslagen 4
      Literatur 10

2   **Straßenkinder, Flüchtlingskinder und Kinder
      in schwierigen Lebenslagen** 13
2.1   Definitionen und Situationsbeschreibungen 14
2.2   Straßenkinder und das Projekt „Patio 13 – Schule für Straßenkinder" 18
      Literatur 24

3   **Bildungsprozesse gestalten – Was sagt die Lehr-Lern-
      Forschung dazu?** 27
3.1   Spezifische Voraussetzungen klären und Motivation fördern 29
3.2   Lernprozesse gestalten – sprachliche Fähigkeiten beachten 31
      Literatur 33

4   **Physik für Straßenkinder: Welche Kompetenzen
      benötigen die Lehrkräfte?** 35
      Literatur 39

5   **Physik für Straßenkinder in Kolumbien: Entwicklung
      und Erprobung von Bildungsangeboten** 41
5.1   Erste Begegnungen 42
5.2   Drei methodische Zugänge 43

6   **Zusammenfassung und Schlussfolgerungen aus unseren
      Erfahrungen – Reaktion der Straßenkinder und der Helfer
      auf die Unterrichtsangebote** 67

II   Experimentierideen zur Physik für Straßenkinder

7   **Elektrische Stromkreise** 75
7.1   Wie kann man Glühlampen ohne Kabel zum Leuchten bringen? 77
7.2   Stromkreis mit Glühlampe, Kabeln und Flachbatterie 78
7.3   Welche Gegenstände leiten den elektrischen Strom? – Leiter und Nichtleiter 80
7.4   Leiterketten 82
7.5   Leuchtdiode(n) im Stromkreis 83
7.6   Leitfähigkeit von Wasser 85
7.7   Schaltungen mit zwei Glühlampen 86
7.8   Schaltungen mit mehr als zwei Glühlampen 89

7.9 Schaltungskombinationen aus Glühlampen und Leuchtdioden 90
7.10 Ein Schalter im Stromkreis 91
7.11 Stromkreise mit zwei Schaltern und einer Glühlampe 93
7.12 Stromkreise mit mehreren Schaltern und Glühlampen 94
7.13 Mit Solarzellen einen Elektromotor antreiben 95
7.14 Welchen Strom liefern Solarzellen? 97
7.15 Solarzellen und Leuchtdioden bzw. Glühlampen 98

8 **Magnetismus und Elektromagnetismus** 99
8.1 Untersuchungen mit zwei Stabmagneten und einem Kompass 100
8.2 Magnetisierbare Gegenstände 101
8.3 Straßen-Oersted 101
8.4 Elektromagnete 103
8.5 Stromkreis mit Glühlampe und Reedkontakt-Schalter 105

9 **Optische Phänomene** 107
9.1 Schattenbilder erzeugen und erleben 110
9.2 Schatten einer Punkt-Lichtquelle, Schattenbilder
von Gegenständen erzeugen 113
9.3 Schatten zweier Lichtquellen 115
9.4 Spiegelverkehrtes Nachzeichnen einer Figur 117
9.5 Bilder am halbdurchlässigen Spiegel 119
9.6 Kaleidoskop und Unendlichkeit 121
9.7 Beobachtung von Gegenständen durch einen Wasserzylinder 124
9.8 Experimente mit Glasstab (Zylinderlinse) 125
9.9 Wasserlinsen – Lupe 127
9.10 Abbilden mit Linsen 128
9.11 Verschiedene Typen von Fernrohren 131
9.12 Erkunden von Lichtquellen mit Spektralfolie 132
9.13 Erkunden von Farben mit Rotbrillen 134

10 **Ideen für kleine naturwissenschaftliche Projekte** 137
10.1 Zeit – Zeitmessung 138
10.2 Kaleidoskope bauen 138
10.3 Sehen und Wahrnehmung 138
10.4 Atmung – Die menschliche Lunge 140
10.5 Pflanzenwachstum 140
10.6 Projekte zur Fotografie 141
10.7 Zaubern 142
10.8 Wärmeenergie und Wärmedämmung 142
10.9 Boote bauen 143
10.10 Akustische Phänomene 143
10.11 Lautsprecher bauen auf der Straße 143
10.12 Optische Täuschungen 143

Serviceteil
Sachverzeichnis 146

Über die Autoren

Prof. Dr. Manuela Welzel-Breuer

geboren 1959 in Brandenburg an der Havel, studierte Lehramt für Physik und Astronomie in Jena und arbeitete sieben Jahre im Schuldienst. Nach einem postgradualen Studium der Pädagogik/ Psychologie an der Akademie der Pädagogischen Wissenschaften in Berlin war sie von 1991 bis 1999 wissenschaftliche Mitarbeiterin an der Universität Bremen, Fachbereich Physik/Elektrotechnik in der Didaktik der Physik. Dort wurde sie 1994 mit einer fachdidaktischen Arbeit zur Analyse von Lernprozessen zum Dr. rer. nat. promoviert. Seit 1999 ist sie Professorin für Physik und ihre Didaktik an der Pädagogischen Hochschule Heidelberg und betreut verschiedene Forschungsprojekte zum Lehren und Lernen von Physik und Naturwissenschaften auf der Grundlage eigener empirischer Lernprozessforschung und Schulpraxis. Von 2005 bis 2009 war sie Mitglied der Vorstände der Deutschen Physikalischen Gesellschaft (DPG) und der European Science Education Research Association (ESERA). Von 2011 bis 2015 war sie Präsidentin der ESERA.

Dr. Elmar Breuer

geboren 1963 in Köln, studierte Physik in Köln und Oldenburg und schloss sein Studium mit dem Diplom ab. Von 1992 bis 1994 war er wissenschaftlicher Mitarbeiter an der Universität Bremen, Fachbereich Physik/Elektrotechnik in der Didaktik der Physik. Dort wurde er 1994 mit einer fachdidaktischen Arbeit im Bereich der Lernprozessforschung zum Dr. rer. nat. promoviert. Es folgte das Referendariat in Bremen und das zweite Staatsexamen für die Fächer Physik und Mathematik an Gymnasien. Seit 1999 ist er Lehrer für Mathematik, Physik, Informatik und NWT am Gymnasium Englisches Institut Heidelberg. Parallel ist er als Lehrbuchautor aktiv und übernimmt regelmäßig Lehraufträge an der Pädagogischen Hochschule Heidelberg.

Einführung und methodische Zugänge

Warum ausgerechnet Physik?

1.1 **Allgemeine und naturwissenschaftliche Bildung für Kinder in schwierigen Lebenslagen – 4**

1.1.1 Menschenrecht auf Bildung – 5

1.1.2 Naturwissenschaftliche Bildung als Teil der Allgemeinbildung – 7

1.1.3 Bildung bedeutet Zukunftssicherung – 9

Literatur – 10

© Springer-Verlag GmbH Deutschland, ein Teil von Springer Nature 2018
M. Welzel-Breuer, E. Breuer, *Physik (nicht nur) für Straßenkinder*,
https://doi.org/10.1007/978-3-662-57663-2_1

1.1 Allgemeine und naturwissenschaftliche Bildung für Kinder in schwierigen Lebenslagen

Physik für Kinder, die auf der Straße leben? Macht das Sinn? Brauchen Kinder in derart schwierigen Lebenslagen nicht erst einmal andere Formen der Unterstützung und Fürsorge? Müssen sie nicht erst einmal auf Drogenentzug, in medizinische und sozialpsychologische Behandlung? Und wenn sie clean und sauber sind, ist es dann nicht Alphabetisierung, die sie benötigen?

Diese Fragen wurden uns oft gestellt, diese Fragen hatten wir auch selbst, als wir darauf angesprochen wurden, im Projekt „Patio 13 – Schule für Straßenkinder" in Kolumbien mitzuarbeiten, und damit begannen, Kindern in schwierigen Lebenslagen physikalische Phänomene nahezubringen.

Eingeflossene Publikationen

Zwischen 2005 und 2018 haben wir projektbegleitend und in unterschiedlicher Autorenschaft verschiedene Beiträge zu dieser Arbeit publiziert sowie eine Projekt-Website eingerichtet, auf der Informationen und Materialien zu finden sind. Diese Texte sind in das vorliegende Buch eingeflossen, wurden z. T. übernommen und ergänzt mit dem Ziel, einen zusammenfassenden Überblick über die Entwicklung zu zeigen. Zu diesen Publikationen gehören u. a.

- Welzel und Breuer 2006,
- Welzel-Breuer und Breuer 2014, 2015a, b,
- Bacquet-Pérez und Welzel-Breuer 2013, 2014, 2015,
- Ortiz Palacio und Welzel-Breuer 2018,
- Projekt-Website physik-patio13.de.

Multiplikationseffekte

Inzwischen blicken wir auf mehr als 15 Jahre interessanter und erfolgreicher Arbeit in Kolumbien zurück. Viele unserer Ideen und Materialien haben sich gut bewährt und werden nicht nur in Kolumbien weiter genutzt, sondern weltweit in Straßenkinderprojekten, die sich selbst teilweise aus unseren Aktivitäten ergeben haben. Dazu gehören z. B. das Projekt „Spring of Help", das in Dresden und mehreren Ländern Afrikas aktiv ist, das Projekt „Mit Sprache zur Fachkompetenz – Sprachlernen in den MINT-Fächern" der Pädagogischen Hochschule Schwäbisch Gmünd und gefördert vom Stifterverband, zahlreiche Praktikumsorte von „Patio 13 – Schule für Straßenkinder" in Deutschland, Europa und der ganzen Welt sowie die Straßenschule in Mannheim.

Die Deutsche Physikalische Gesellschaft (DPG) lud uns 2015 zur Mitarbeit im vom BMBF geförderten Projekt „Physik für Flüchtlinge" ein. Aus diesem Anlass haben wir die in diesem Buch zusammengestellten Experimentierideen für Multiplikatoren schriftlich aufbereitet. Sie liegen in einer Vorversion den beiden Experimentierkisten der DPG zu Elektrik und Optik bei und geben vielfältige didaktische und methodische Hinweise.

1.1.1 Menschenrecht auf Bildung

Um zu verstehen, wie sinnvoll die Beschäftigung mit Naturwissenschaften, Naturphänomenen bzw. naturwissenschaftlicher Bildung allgemein tatsächlich sein kann, ist es notwendig, sich den Lebenskontext von Kindern in schwierigen Lebenslagen genauer anzuschauen und zu untersuchen, inwieweit Allgemeinbildung und naturwissenschaftliche Grundbildung hier Platz haben sollten. Im Straßenkinderreport von 2012 ist unter anderem Folgendes zu lesen:

» Über eine Milliarde Mädchen und Jungen auf der Welt durchleben eine Kindheit, die diesen Namen nicht verdient. Besonders in den armen Ländern der Welt fehlt es meist an den grundlegenden Dingen, die ein menschenwürdiges Leben ausmachen, vor allem an gesunder Ernährung, sauberem Trinkwasser, medizinischer Versorgung, gutem Schulunterricht, geeigneten Wohnverhältnissen. Einer Milliarde Minderjähriger werden die elementaren Kinderrechte vorenthalten. Sie werden ausgebeutet, missbraucht, vernachlässigt und verstoßen. Viele Millionen Kinder, vor allem Mädchen, können nicht einmal eine Grundschule besuchen. Die größte Bedrohung geht von der Armut aus. Auch in wohlhabenden Ländern, sogar in Deutschland, beeinträchtigt die relative Armut die Lebenschancen von immer mehr Kindern (Weber 2012).

Nach unserer und der Überzeugung der Autoren des Straßenkinderreports kann die Lage der Kinder und Jugendlichen der Welt durchaus verbessert werden. Zweierlei ist dafür zwingend notwendig: Armutsbekämpfung und Bildung. Doch unaufhörlich steigt die Anzahl von Straßenkindern in der Welt an (vgl. Weber und Sierra Jaramillo 2005). Alle Kontinente sind hiervon betroffen. Seit etwa 20 Jahren wird diese Entwicklung offiziell politisch wahrgenommen und auch sozioökonomisch beachtet und diskutiert. Im Jahre 1990 trat das Übereinkommen über die Rechte des Kindes, die UN-Kinderrechtskonvention, mit ihrer ersten Ratifizierung in Kraft. Bis heute haben 139 UN-Staaten diese Konvention unterzeichnet. Im Rahmen der Einigung auf grundlegende Menschenrechte werden in der UN-Kinderrechtskonvention die grundlegenden Kinderrechte formuliert (UN 1989).

Weltweit ist man sich darüber einig, dass alle Kinder das Recht haben, in einer sicheren Umgebung ohne Diskriminierung zu leben. Sie haben das Recht auf Zugang zu sauberem Wasser, Nahrung, medizinischer Versorgung, zu Bildung und Ausbildung und auf Mitsprache bei Entscheidungen, die ihr Wohlergehen betreffen. Im Artikel 28 der UN-Kinderrechtskonvention wird das Recht auf Bildung, Schule, Berufsausbildung ausdrücklich festgelegt und beschrieben:

» (1) Die Vertragsstaaten erkennen das Recht des Kindes auf Bildung an; …
(3) Die Vertragsstaaten fördern die internationale Zusammenarbeit im Bildungswesen, insbesondere um zur Beseitigung von Unwissenheit und Analphabetentum in der Welt beizutragen und den Zugang zu wissenschaftlichen und technischen Kenntnissen und modernen Unterrichtsmethoden zu erleichtern. Dabei sind die Bedürfnisse der Entwicklungsländer besonders zu berücksichtigen.

1

Im Artikel 29 werden die Bildungsziele formuliert und Bildungseinrichtungen charakterisiert:

» (1) Die Vertragsstaaten stimmen darin überein, dass die Bildung des Kindes darauf gerichtet sein muss … b) die Persönlichkeit, die Begabung und die geistigen und körperlichen Fähigkeiten des Kindes voll zur Entfaltung zu bringen; …
e) dem Kind Achtung vor der natürlichen Umwelt zu vermitteln.

Will man die Situation von Kindern in schwierigen Lebenslagen verbessern, sind verschiedene Perspektiven zusammenzubringen: die Lebensumstände der Kinder einerseits und die Bildungsangebote und -möglichkeiten für diese Kinder andererseits. Das erfordert konsequenterweise zweierlei: die Bekämpfung ihrer Armut und die Sicherung des Rechts der Kinder auf Bildung (vgl. Weber 2012).

Der UNESCO-Weltbildungsbericht (Global Education Monitoring Report) aus dem Jahr 2016 legt Daten vor, die darauf hinweisen, dass das Flüchtlingskindern zustehende Recht auf Bildung gravierend vernachlässigt wird. Festzustellen ist, dass nur 50 % der Flüchtlingskinder die Grundschule besuchen und nur 25 % der jugendlichen Flüchtlinge Zugang zu weiterführenden Schulen haben (UNESCO 2016). Neben humanitärer Hilfe offerieren und gestalten soziale Einrichtungen, Stiftungen, Regierungs- und Nichtregierungsorganisationen aus diesem Grunde zunehmend unterschiedliche Bildungsangebote in der Absicht, die komplexen Bildungsbedürfnisse von Kindern in schwierigen Lebenslagen zu berücksichtigen. Solche Bildungsprojekte soll(t)en Straßen- und Flüchtlingskindern zunächst eine Ablenkung und Alternative in ihrem schwierigen Alltag bieten und sie bei einer Wiedereingliederung in einen passenden Bildungsweg unterstützen. Man geht davon aus, dass maßgeschneiderte Bildungsprojekte für Kinder in schwierigen Lebenslagen die Chance dieser Kinder auf eine bessere und lebenswertere Zukunft erhöhen. Solche Bildungsprojekte starten in der Regel mit der Unterstützung des Schriftspracherwerbs, um die Alphabetisierung zu sichern, aber auch mit mathematischer Grundbildung und spielerisch-sportlichen und künstlerischen Aktivitäten (siehe Weber 2012). Themen und Inhalte der Naturwissenschaften sind bisher recht selten im Angebot, dabei sind sie mit recht einfachen Mitteln umzusetzen und können die betroffenen Kinder zu sinnvollen Aktivitäten und wichtigen Lernprozessen anregen (❑ Abb. 1.1).

Da die betroffenen Kinder mit defizitären Lebensbedingungen konfrontiert sind, scheint die Auseinandersetzung mit naturwissenschaftlichen Phänomenen zunächst keine Priorität zu haben. Dennoch sind die Bemühungen unterschiedlicher Einrichtungen solche Angebote zu konzipieren ausgesprochen legitim, weil „naturwissenschaftliche Bildung dem Individuum eine aktive Teilhabe an gesellschaftlicher Kommunikation und Meinungsbildung über technische Entwicklung und naturwissenschaftliche Forschung ermöglicht und … deshalb wesentlicher Bestandteil von Allgemeinbildung [sein muss]", wie es unter anderem auch die deutsche Kultusministerkonferenz (KMK) beschreibt (vgl. KMK 2004, S. 6).

In unserer Arbeit innerhalb und außerhalb Deutschlands zielen wir mit unseren Aktivitäten auf den Bereich der Bildungsangebote und eröffnen Möglichkeiten, randständige Kinder – in unserem Falle Straßenkinder und Flüchtlingskinder – in moderne Bildungsbereiche einzubeziehen, explizit in den „Zugang zu wissenschaftlichen und technischen Kenntnissen" (siehe oben, Artikel 28 der UN- Kinderrechtskonvention). Naturwissenschaftliche und technische Kenntnisse und Kompetenzen sind in allen Lehrplänen dieser Welt selbstverständlicher Bestandteil des verbindlichen Bildungskanons.

◘ Abb. 1.1   Kinder beim Experimentieren mit Solarzellen unter Anleitung

Mit Blick auf die Gewährung der Menschenrechte für alle Kinder muss eine naturwissenschaftliche Grundbildung natürlich zwingend auch für Kinder in schwierigen Lebenslagen angeboten werden. Nicht unerheblich ist auch, dass naturwissenschaftliche Phänomene, wenn sie denn aktivierend dargeboten werden, interessant und lehrreich sind (◘ Abb. 1.1).

1.1.2 Naturwissenschaftliche Bildung als Teil der Allgemeinbildung

Naturwissenschaftliche Kenntnisse sind in der modernen Lebenswelt unabdingbar, da die Anwendung dieser Kenntnisse für nahezu alle Lebensbereiche relevant wird (u. a. für die Gesunderhaltung von Mensch und Natur, zur individuellen Gefahrenabschätzung, für den Zugang zur Berufsausbildung in allen technischen und vielen sozialen Bereichen, für die Realisierung einer nachhaltigen Energieversorgung, die Entwicklung von Problemlösekompetenz und den verantwortungsvollen Umgang mit Ressourcen). Zudem erlaubt der Zugang zu naturwissenschaftlichen Bildung mit ihren spezifischen (experimentellen) Methoden auch den Zugang zu einem systematischen und systematisierenden Wissenssystem. Unter diesem Blickwinkel kann eine allgemeine naturwissenschaftliche Grundbildung (bekannt auch als *Scientific Literacy*) die Integration von Kindern und Jugendlichen in schwierigen Lebenslagen in eine Gesellschaft, die stark von Naturwissenschaften und Technik geprägt ist, sehr sinnvoll und effektiv unterstützen.

Die Vermittlung elementarer Kenntnisse der Naturwissenschaften stellt aus dieser Perspektive somit einen notwendigen Teil der Allgemeinbildung dar und ergibt, wie wir später noch zeigen werden, neben der Bekämpfung von akuter Armut und Krankheit in gleicher Weise Sinn wie Alphabetisierung, mathematische Grundbildung, ästhetische Bildung, Körperpflege oder Gesundheitserziehung. Es geht hier nicht nur um Spezialkenntnisse der Physik, Chemie und Biologie. Über die Beschäftigung mit Naturphänomenen, naturwissenschaftlichen Sachverhalten, Fragestellungen und Problemen können Fähigkeiten und lebensnotwendige Kompetenzen erworben werden, die es Heranwachsenden ermöglichen, ihre soziale und materielle Welt auf systematische Weise zu erkennen, zu verstehen, zu beurteilen und aktiv mitzugestalten. In der Regel betrifft dies recht konkrete Fragen und Probleme aus dem Alltag der Kinder, wie zum Beispiel die folgenden mit physikalischem Hintergrund aus dem Bereich der Elektrizität:

Alltagsfragen zur Elektrizität
- Woher bekommt man elektrischen Strom?
- Warum leuchten Lampen?
- Wie bringt man Lampen zum Leuchten?
- Wann und warum ist Elektrizität gefährlich?
- Wann und warum schlägt ein Blitz ein?
- Was ist ein Kurzschluss?
- Wie kann man Elektrizität nutzen, um die eigenen Lebensumstände zu verbessern?
- Wie kann man Elektrizität aus Sonnenlicht, Wind oder Wasserkraft gewinnen?
- Woran erkenne ich, welche elektrischen Geräte mit welcher Batterie funktionieren?
- Wie sucht man nach Fehlern in elektrischen Stromkreisen?
- Wie behebt man Fehler?
- Hat Elektrizität etwas mit Magnetismus zu tun?

Wissen um die Elektrizität in der alltäglichen Umgebung (siehe ◘ Abb. 1.2 für Kolumbien) hilft, eigene Lebensumstände zu verbessern, aber auch, Gefahren zu erkennen und zu vermeiden, Energie zu sparen und anderen zu helfen. Ein in Entwicklungsländern hier und dort anzutreffendes „Anzapfen" oder Manipulieren öffentlich zugänglicher elektrischer Leitungen, die oft sehr abenteuerlich miteinander verbunden sind, kann z. B. genauso problematisiert werden wie die Gefahr von Kurzschlüssen.

Aber auch die Lust am Entdecken, Experimentieren, Problemlösen und Erklärenkönnen lässt sich über die Beschäftigung mit naturwissenschaftlich-technischen Themen und Problemen im Rahmen von Projekten effektiv fördern. Interessante Phänomene laden zur genauen Beobachtung ein, aber auch zur Kommunikation darüber. Sie bieten sinnvolle Sprachanlässe und damit eine Möglichkeit, die Sprache der „Wissenden" zu verstehen und zu verwenden sowie die eigenen sprachlichen Fähigkeiten weiterzuentwickeln. Soziales Miteinander beim Erkunden und Lernen fördert Teamgeist und vertrauensvolle Zusammenarbeit. Insbesondere Kinder, die auf der Straße leben (müssen), sind von Misstrauen geprägt und haben in der Regel nicht gelernt, gemeinsam produktiv tätig zu sein. Dies ist aber eine Voraussetzung dafür, am gesellschaftlichen Leben teilhaben zu können.

◻ Abb. 1.2 Aufnahme einer elektrischen Verkabelung von Haushalten in Kolumbien 2017

Die Naturwissenschaften bieten motivierende und interessante Möglichkeiten und Zugänge zur Naturbegegnung, zum Nachdenken und zum Bewerten naturwissenschaftlich basierter Entscheidungen. Die Lernenden haben darüber die Möglichkeit, eigene Kompetenz zu erleben, ihr eigenes Denken und ihre eigenen Lernstrategien weiterzuentwickeln.

1.1.3 Bildung bedeutet Zukunftssicherung

Fehlende Bildung bedeutet verfehlte Zukunft (vgl. Weber 2012).

» In weiten Teilen der Welt, selbst in den reichen und hochentwickelten Ländern, vertieft sich seit etwa dreißig Jahren die Kluft zwischen den sozioökonomisch gut und den schlecht gestellten Bevölkerungsgruppen. Die wachsende Ungleichheit prägt das soziale Leben, die kulturelle Partizipation, die Bildungschancen und die Gesundheitsfürsorge. Von dieser Entwicklung ist die jüngste Generation am meisten betroffen. Es gibt immer mehr arme Kinder. Der ökonomische Mangel ihrer Eltern minimiert ihre kulturellen Ressourcen und beeinträchtigt ihre Zukunftsperspektiven. Bildung allein kann sie nicht retten, aber ohne Bildung werden sie sich aus Armut und Exklusion nicht dauerhaft befreien können (Weber 2012).

1

In den Schulen ist dieses Problem bestens bekannt: Was macht man mit Kindern, die sich – aus welchen Gründen auch immer – nicht in das Schulsystem einfügen können oder wollen, mit Kindern, die wegen fehlender Ressourcen wenig Erfahrung mitbringen und sich außerschulische Lernangebote aufgrund der Kosten nicht leisten können? Was macht man mit Kindern, die unter Gewalt in der Familie leiden und sich nicht konzentrieren können, mit Kindern, die aus ihrer gewohnten Umgebung flüchten mussten und sich nun fremd und unverstanden fühlen? Soll man sie sich selbst überlassen oder gar aus dem Bildungssystem drängen? Sicher sind dies die schlechtesten aller Alternativen. Aus unserer Sicht ist es jeder einzelne Mensch wert, ihm in unserer hochentwickelten, bildungsorientierten und technisierten Welt einen sicheren und lebenswerten Platz zu ermöglichen. Dies muss bereits in der Schule sichtbar werden. Es ist notwendig, Wege zu suchen und zu finden, auch diesen Kindern gleichberechtigt passende Bildungschancen zu bieten.

Einige Studien sowie Berichte von Straßenkindern lassen den Schluss zu, dass die Schule oft auch mit dafür verantwortlich ist oder sein kann, Kinder in schwierigen Lebenslagen auszuschließen und damit ihre prekäre Situation zu verschärfen (vgl. Herrera Casilimas et al. 2012). Im Rahmen von Interviews mit Kindern mit dem Lebensmittelpunkt Straße, die in Kolumbien selbst in bewaffnete Auseinandersetzungen verwickelt bzw. in Guerilla-Organisationen aktiv waren (Ramirez 2004), ergab sich, dass schlechte Erfahrungen in der Schule und mit Unterricht neben ökonomischen Problemen in der Familie oft auch als Faktoren für ihre Abwendung aus dem normalen sozialen Leben genannt wurden. Die Schule wird allenfalls als sozialer Treffpunkt Gleichaltriger akzeptiert, jedoch nicht wirklich als Ort des Lernens und der Zukunftssicherung. Das sollte uns nachdenklich stimmen und nach Wegen suchen lassen, Bildungsangebote für Straßenkinder attraktiv und sinnvoll zu gestalten.

Literatur

Bacquet-Pérez, E., & Welzel-Breuer, M. (2013). Entstehung von Gerichtetheit bei Kindern in schwierigen Lebenslagen innerhalb einer naturwissenschaftlichen Lernumgebung: Eine Fallstudie. In S. Bernholt (Hrsg.), *Inquiry-based Learning – Forschendes Lernen. Gesellschaft für Didaktik der Chemie und Physik, Jahrestagung in Hannover 2012* (S. 575–577). Kiel: IPN.

Bacquet-Pérez, E., & Welzel-Breuer, M. (2014). Fallstudie zur Entstehung von Gerichtetheit durch Physikunterricht. In S. Bernholt (Hrsg.), *Naturwissenschaftliche Bildung zwischen Science- und Fachunterricht. Gesellschaft für Didaktik der Chemie und Physik, Jahrestagung in München 2013* (S. 67–69). Kiel: IPN.

Bacquet-Pérez, E., & Welzel-Breuer, M. (2015). Physikunterricht für Kinder in schwierigen Lebenslagen. Internetzeitschrift: PhyDid B – Didaktik der Physik – Beiträge zur DPG-Frühjahrstagung. (ISSN 2191-379X). ▶ http://phydid.physik.fu-berlin.de/index.php/phydid-b/article/view/632/772. Zugegriffen: 17. Febr. 2018.

Herrera Casilimas, G. E., Patiño Hurtado, N. A., Correa Carmona, D., Días Arroyave, D., Cataño Sánchez, S. M., & Vanegas Rendón, L. C. (2012). *Tejiendo caminos de esperanza. La formación de maestros en contextos de vulnerabilidad.* Prégon: Medellín.

KMK. (2004). Bildungsstandards im Fach Physik für den Mittleren Schulabschluss. Beschluss der Kultusministerkonferenz vom 16.12.2004. ▶ http://www.kmk.org/fileadmin/Dateien/veroeffentlichungen_beschluesse/2004/2004_12_16-Bildungsstandards-Physik-Mittleren-SA.pdf. Zugegriffen: 17. Febr. 2018.

Ortiz Palacio, C. D., & Welzel-Breuer, M. (2018). Physik für Kinder in schwierigen Lebenslagen – Eine empirische Studie zur Erfassung und Beschreibung spezifischer Rahmenbedingungen und Herausforderungen aktueller Bildungsangebote. Internetzeitschrift: PhyDid B – Didaktik der Physik – Beiträge zur DPG-Frühjahrstagung. (ISSN 2191-379X). ▶ http://www.phydid.de/index.php/phydid-b/article/view/790/935. Zugegriffen: 17. Febr. 2018.

Ramirez, I. D. (2004). Medellín: los niños invisibles del conflicto social y armado. In Nem Guerra, Nem Paz.

Literatur

UN. (1989). Convention on the rights of the child. ► http://www.ohchr.org/Documents/ProfessionalInterest/crc.pdf. Zugegriffen: 17. Febr. 2018.

UNESCO. (2016). No more excuses: Provide education to all forcibly displaced people. Global education monitoring report. Policy paper 26. Paris, France. ► http://unesdoc.unesco.org/images/0024/002448/244847E.pdf. Zugegriffen: 17. Febr. 2018.

Weber, H. (2012). Der Straßenkinderreport. Zur Lage der Kinder in der Welt. ► http://www.strassenkinderreport.de/startseite.php. Zugegriffen: 17. Febr. 2018.

Weber, H., & Sierra Jaramillo, S. (2005). *Cicatrices en mi Piel. Los niños de la calles se fotografía a si mismos.* Bogotá: Universidad Externado de Colombia.

Welzel, M., & Breuer, E. (2006). Physik für Straßenkinder – Ein internationales Projekt mit wissenschaftlicher Begleitung. *MNU, 59*(2), 80–85.

Welzel-Breuer, M., & Breuer, E. (2014). Science for street children. Results of a longterm developmental project in science education. In: E-Book Proceedings of the ESERA 2013 Conference, Nicosia, Cyprus. Strand 12 – Cultural, social and gender issues in science and technology education. ► https://www.esera.org/publications/esera-conference-proceedings/esera-2013"\l"161-strand-12-cultural-social-and-gender-issues-in-science-and-technology-education. Zugegriffen: 17. Febr. 2018.

Welzel-Breuer, M., & Breuer, E. (2015a). Physik für Straßenkinder. In einem fachdidaktischen Projekt in Kolumbien erhalten Straßenkinder in Patios Physikunterricht. *Physik Journal 14*(8/9), 71–74 (Weinheim: Wiley-VCH).

Welzel-Breuer, M., & Breuer, E. (2015b). Projekt-Website. ► physik-patio13.de. Zugegriffen: 17. Febr. 2018.

Straßenkinder, Flüchtlingskinder und Kinder in schwierigen Lebenslagen

2.1 Definitionen und Situationsbeschreibungen – 14

2.2 Straßenkinder und das Projekt „Patio 13 – Schule für Straßenkinder" – 18

Literatur – 24

© Springer-Verlag GmbH Deutschland, ein Teil von Springer Nature 2018
M. Welzel-Breuer, E. Breuer, *Physik (nicht nur) für Straßenkinder*,
https://doi.org/10.1007/978-3-662-57663-2_2

2.1 Definitionen und Situationsbeschreibungen

An dieser Stelle kann man sich fragen, was denn nun Straßenkinder bzw. Kinder in schwierigen Lebenslagen auszeichnet, inwieweit Flüchtlingskinder dazuzählen und was solche Kinder für eine wirkungsvolle Integration brauchen. In unserem Projekt arbeiten wir mit Kindern in schwierigen Lebenslagen. Wer sind diese Kinder?

❶ Hinweis
**Teile dieses Kapitels wurden bereits von Ortiz Palacio und Welzel-Breuer (2018)
veröffentlicht.**

Der Begriff „Kinder in schwierigen Lebenslagen" wird in der Literatur unterschiedlich verstanden und bezieht sich auf sehr heterogene Gruppen (vgl. Ortiz und Welzel-Breuer 2018). Im Rahmen unserer Projekte umfasst dieser Begriff sowohl Straßenkinder bzw. Kinder, die akut gefährdet sind, Straßenkinder zu werden, als auch Flüchtlingskinder. In der ❏ Abb. 2.1 sind Straßenkinder in Kolumbien zu sehen.

Straßenkind
Für den Begriff Straßenkind beziehen wir uns auf eine Definition von Butterwegge et al. aus dem Jahre 2004: Straßenkinder sind „Kinder und Jugendliche, die in einem Zeitraum bis zum Alter von 18 Jahren auf der Straße leben bzw. gelebt haben; Kinder

❏ **Abb. 2.1**   Straßenkinder bei einem Bildungsangebot in Medellín

> und Jugendliche, für die die Straße als primärer Sozialisationsort dient, was mit
> einer Abkehr von der Familie oder diese ersetzende Institutionen einhergeht; Kinder
> und Jugendliche, die zeitweise von einer faktischen Obdachlosigkeit betroffen sind
> oder waren, und zwar in dem Sinne, dass dauerhaft kein eigener Wohnraum von
> ihnen genutzt wird oder wurde. Sie leben überwiegend im öffentlichen Raum, eine
> Privatsphäre besteht oder bestand somit nicht. Ihre Hauptbezugsgruppe bilden die
> ‚Freunde' auf der Straße" (Butterwegge et al. 2004, S. 129 f.).

Es mag etwas exotisch klingen, dass Deutsche ausgerechnet in Kolumbien ein Projekt etablieren und dieses als Grundlage für die Erarbeitung von passenden Konzepten zur naturwissenschaftlichen Bildung von Kindern in schwierigen Lebenslagen bzw. von Straßenkindern und für wissenschaftliche Bildungsstudien wählen. Dafür gibt es zwei wesentliche Gründe: 1) Kolumbien ist das Land mit der am stärksten ausgeprägten Geschichte bezüglich des Phänomens „Straßenkinder". Hier gibt es weltweit betrachtet die meisten Vertriebenen. 2) Vor eineinhalb Jahrzehnten (2001) wurde mit dem Projekt „Patio 13 – Schule für Straßenkinder" genau dort damit begonnen, intensiv an der Problemerfassung und -bewältigung wissenschaftlich zu arbeiten. Wissenschaftlerinnen und Wissenschaftler der Pädagogischen Hochschule Heidelberg haben dieses Projekt gemeinsam mit einer Gemeinschaftsschule in Kolumbien, die selber Lehrkräfte ausbildet, initiiert und begleitet. Wir wurden eingeladen, dabei zu helfen und waren so von Beginn an aktiver Teil des Projektes.

Kolumbien (República de Colombia) ist eine Republik im Nordwesten Südamerikas. Das Land grenzt an Panama, Venezuela, Brasilien, Peru und Ecuador. Mit einer Einwohnerzahl von etwa 49.000.000 (Departamento Administrativo Nacional de Estatística DANE 2016) liegt Kolumbien an zweiter Stelle der bevölkerungsreichsten Länder Südamerikas nach Brasilien.

Nach einem mehrjährigen Unabhängigkeitskonflikt, den Kolumbien im Jahr 1810 gewonnen hat, erwirkte das Land die Loslösung von der spanischen Herrschaft. Jedoch sollte die Geschichte des freien Landes weiterhin von Gewalt und Bürgerkriegen geprägt werden, die bis zum heutigen Tage nachwirken. Frühere Kämpfe zwischen politischen Parteien, Auseinandersetzungen bewaffneter illegaler Gruppen (z. B. Guerilla und Paramilitärs) und Drogenhandel haben eine stabile Entwicklung des Landes sowohl wirtschaftlich als auch gesellschaftlich verhindert. Daher ist das Land durch Armut, soziale Ungleichheit, Kriminalität und Legitimierung von Gewalt in der kolumbianischen Gesellschaft charakterisiert.

Bereits mehr als fünfzig Jahre kämpfen linksgerichtete Guerilla-Gruppierungen wie die „Revolutionären Streitkräfte Kolumbiens" (FARC) und die Nationale Befreiungsarmee (ELN) gegen die Regierungstruppen. Die bewaffnete Konfrontation hat in erste Linie ländliche Gebiete, ethnische Minderheiten und die indigene Bevölkerung getroffen. Auch nach einem unterzeichneten Friedensabkommen der kolumbianischen Regierung mit der Führung der FARC im Jahre 2017 ist davon auszugehen, dass nach den langen Jahren des Bürgerkriegs dieser Zustand noch längst nicht als beendet bezeichnet werden kann. Folglich wurden und werden immer noch viele Familien aus ihren Häusern und Dörfern vertrieben und müssen in der Stadt Schutz suchen.

Im weltweiten Vergleich belegte das Land Kolumbien im Jahr 2015 unter den Herkunftsländern von Flüchtlingen den 10. Platz (UNHCR 2016) und besitzt mit mehr als

6,5 Mio. Menschen die größte Anzahl von „inneren" Vertriebenen (Unidad para las Victimas 2016). Als Konsequenz wohnen 70 % der Bevölkerung in Städten. Viele Familien leben unter miserablen Bedingungen. Besonders betroffen sind Frauen, Kinder und Jugendliche, welche unter Diskriminierung und Ausgrenzung leiden. Die Straßen großer Städte werden zum Szenarium für den Überlebenskampf vieler Kinder und Jugendlicher. Das wiederum führt zu einer neuen Problematik: den Straßenkindern. Kolumbien gilt weltweit als das typischste Land mit Vertriebenen und Straßenkindern.

Die Problematik der Straßenkinder verdeutlicht sich besonders in den wichtigsten Städten Kolumbiens, in Bogotá und Medellín. Beide Städte stellen für einen großen Anteil der inneren Vertriebenen des Landes Zufluchtsorte dar. Die Ausgrenzung und der Mangel an wirtschaftlichen Mitteln zwingen die Flüchtlingsfamilien in die Slums. Dadurch „verlieren Flüchtlingskinder, zusammen mit der gewohnten Umgebung, Sicherheit und Schutz sowie die notwendige Orientierung und Perspektiven, um zu überleben" (Weber und Sierra Jaramillo 2003). Viele Kinder sind deshalb zur Kinderarbeit gezwungen und führen ein Leben auf der Straße. Daten der UNICEF besagen, dass in Kolumbien 9,7 % der Kinder zwischen 5 und 14 Jahren arbeiten müssen (UNICEF 2016).

Das Leben auf der Straße bringt aber noch weitere Risikofaktoren für Kinder und Jugendliche mit sich, etwa Prostitution, Drogen und die dazugehörige Beschaffungskriminalität. Darüber hinaus ist die Lebenssituation der Straßenbewohner durch extrem eingeschränkte Lebensverhältnisse und fehlende Bildung stigmatisiert. Ohne Aussicht auf Arbeit und Beruf sind Straßenkinder auch in der Zukunft chancenlos (vgl. Schnebel 2009).

Flüchtlingskind
Die Bezeichnung Flüchtlingskind betrifft 0 bis 18-jährige Kinder und Jugendliche. Die im Jahr 2014 veröffentlichte Studie von Berthold „In erster Linie Kinder. Flüchtlingskinder in Deutschland" charakterisiert den Begriff Flüchtlingskind als eine „Gruppe Menschen, deren Gemeinsamkeit sich rechtlich auf den angestrebten Aufenthaltstitel gründet. Allen gemeinsam ist, dass sie ihre Heimatländer verlassen haben, um Krieg, Gewalt, existenziellen Nöten, Diskriminierung oder einem Leben ohne Perspektive zu entfliehen" (Berthold 2014). Als weiteres Kriterium wurde die Asylantragstellung als Versuch festgelegt, z. B. den Aufenthalt in Deutschland zu legalisieren. Dieser Definition des Begriffs Flüchtlingskind schließen wir uns hier an.

Die seit dem Jahr 2015 vorherrschende Flüchtlingssituation in Europa hat dazu geführt, dass wir unser Augenmerk auch auf Flüchtlingskinder in Deutschland gerichtet haben. Vorher spielte diese Zielgruppe für unser Vorhaben keine Rolle. Das änderte sich, als die Deutsche Physikalische Gesellschaft (DPG) das Projekt „Physik für Flüchtlinge" ins Leben rief, um Flüchtlingskindern einen Zugang zu naturwissenschaftlicher Bildung zu ermöglichen. Die Initiatoren baten uns, dieses Projekt mit unseren Erfahrungen und Ideen zu unterstützen. Beschreiben wir kurz die Ende 2015 bestehende Situation:

In Deutschland wurden im Jahr 2015 rund 440.000 Asylerstanträge gestellt (Bundesamt für Migration und Flüchtlinge 2016). Diese Zahl erhöhte sich im Folgejahr noch einmal deutlich. Von besonderer Bedeutung ist die Tatsache, dass im Jahr 2015 der Anteil von Kindern und Jugendlichen auf der Flucht oder in flüchtlingsähnlichen Situationen weltweit 51 % betrug. Eine besondere Gruppe ist hierbei die der unbegleiteten Minderjährigen. Die Gründe, warum Minderjährige mit oder ohne Eltern fliehen, sind vielfältig:

>> In manchen Ländern müssen Eltern Angst davor haben, dass ihre Kinder zwangsrekrutiert und als Kindersoldaten eingesetzt werden. Es drohen Beschneidungen, Kinderhandel und Zwangsverheiratungen der Mädchen. Die Bildungswege sind verschlossen. Hinzu kommen Diskriminierung und gesellschaftliche Exklusion (vgl. Weber 2016).

Im Jahr 2015 wurden insgesamt rund 140.000 Asylerstanträge von Minderjährigen durch das Bundesamt für Migration und Flüchtlinge (BAMF) entgegengenommen. Das entspricht einem Anteil von 31,1 % aller Asylanträge in diesem Zeitraum.

Mit dem „Gesetz zur Verbesserung der Unterbringung, Versorgung und Betreuung ausländischer Kinder und Jugendlicher" vom 01.12.2015 sollte ein klares und angemessenes Asylverfahren für unbegleitete Minderjährige definiert werden. Konkrete Schritte zur Bearbeitung des Asylantrags wurden festgelegt: Als Erstes wird das Jugendamt eingeschaltet. Mit dessen Hilfe soll die Unterbringung der Kinder bei Verwandten, Pflegefamilien oder in Clearinghäusern gesichert werden. Gleichzeitig findet das Erstscreening (der erste Schritt des sogenannten Clearingverfahrens) statt. Dabei werden der Gesundheitszustand und das Alter der Kinder erfasst. Als Nächstes wird ein bundesweites Verteilungsverfahren durchgeführt. Ziel ist es, Unterbringung, Versorgung, Betreuung und Unterstützung der unbegleiteten Minderjährigen sicherzustellen. Ab diesem Zeitpunkt ist das zugewiesene Jugendamt verantwortlich.

Die Anerkennung und Eingliederung minderjähriger Flüchtlinge ist ein zeitaufwendiger Prozess des Wartens für die Betroffenen, in dem die Zukunft ungewiss ist und bildungsmäßig nur wenig passiert bzw. passieren kann. Die ersten Schritte der Integration beziehen sich in dieser Phase auf soziale Aspekte und das Erlernen von Deutsch als Fremdsprache.

Das Clearingverfahren wird zur Klärung des Aufenthaltsstatus weitergeführt. Davon abhängig wird über die Möglichkeit eines Asylantrags entschieden. Vorausgesetzt dass dieser gestellt werden kann, ist das Bundesamt für den weiteren Verlauf des Asylverfahrens zuständig. Falls die Bedingungen für einen Asylstrang nicht gegeben sind, kann eine Duldung bei der zuständigen Ausländerbehörde erteilt werden. Asylbewerber unter 18 Jahren gelten als nicht handlungsfähig. Aus diesem Grund wird der Asylantrag bei unbegleiteten Minderjährigen durch das Jugendamt oder den Vormund gestellt (vgl. Bundesamt für Migration und Flüchtlinge 2016).

In diesem Zeitraum des Wartens und der Initiierung einer aktiven Integration fällt das Projekt der Deutschen Physikalischen Gesellschaft (DPG) und damit auch unser Beitrag. Folgende Projektinformationen lassen sich auf der Website „Physik für Flüchtlinge" finden (vgl. DPG 2018):

Physik für Flüchtlinge ist ein Projekt der DPG und der Georg-August-Universität Göttingen, das vom Bundesministerium für Bildung und Forschung (BMBF) gefördert wird. Ziel ist es, Kindern und Jugendlichen in Flüchtlingsunterkünften, Erstaufnahmeeinrichtungen und Schulen in ganz Deutschland Physik spielerisch und anhand einfacher Experimente näherzubringen. Knapp 80 Standorte (Flüchtlingsunterkünfte und Schulen) haben sich bis 2018 bundesweit für das Projekt gemeldet. Durchführbar ist das Projekt dank der Hilfe von ehrenamtlich engagierten Menschen in der ganzen Bundesrepublik. Sie animieren die Kinder und Jugendlichen zum selbständigen Experimentieren. Derzeit stehen den Ehrenamtlichen drei Themenkisten mit ausgearbeiteten Lehrplänen zur Verfügung: Elektrische Stromkreise, Optik und die Abenteuerkiste (▶ https://www.dpg-physik.de/pff/material/index.html).

2

Kinder in schwierigen Lebenslagen – also Straßenkinder bzw. Kinder, die akut gefährdet sind, Straßenkinder zu werden, und Flüchtlingskinder – haben entsprechend ihrer Geschichte meist traumatisierende Erfahrungen und Erlebnisse hinter sich. Einige sind bereits Opfer von Gewalt oder sexuellem Missbrauch oder Zeugen grausamer Taten geworden. Die psychische Belastung der Kinder behindert die Entwicklung einer positiven und von Vertrauen geprägten Zukunftsperspektive und damit die Gestaltung einer lebenswerten Existenz.

Um den Zugang zu Unterbringung, medizinischer Betreuung sowie Bildungs- und Ausbildungsangeboten zu garantieren, wurde die von der Europäischen Union definierte Richtlinie zur Festlegung von Normen für die Aufnahme von Personen, die internationalen Schutz beantragen, aktualisiert (RL 2013/33/EU). Die neuen Aufnahmerichtlinien enthalten hohe Standards zur Betreuung besonders schutzbedürftiger Asylbewerber, nämlich von Schwangeren sowie von begleiteten und unbegleiteten Minderjährigen.

Einen rechtlichen Rahmen zum Schutz und für das Wohl von Kindern und Jugendlichen bietet unter anderem die UN-Kinderrechtskonvention (1989). Artikel 3 besagt:

> **»** Bei allen Maßnahmen, die Kinder betreffen, gleichviel ob sie von öffentlichen oder privaten Einrichtungen der sozialen Fürsorge, Gerichten, Verwaltungsbehörden oder Gesetzgebungsorganen getroffen werden, ist das Wohl des Kindes ein Gesichtspunkt, der vorrangig zu berücksichtigen ist (UN-Kinderrechtskonvention).

Zusätzlich erklärt Artikel 28, dass Bildung ein Menschenrecht ist. Sowohl Kolumbien als auch Deutschland haben die UN-Kinderrechtskonvention ratifiziert. Dementsprechend sind sie verpflichtet, das Kindeswohl als wichtigste Basis für alle Handlungen, die Kinder betreffen, anzuerkennen. Im Fall von Flüchtlingskindern in Deutschland sollten daher alle Maßnahmen bezüglich Aufenthaltsgesetz und Asylverfahren das Kindeswohl und das anerkannte Menschenrecht auf Bildung berücksichtigen.

2.2 Straßenkinder und das Projekt „Patio 13 – Schule für Straßenkinder"

Das Projekt „Patio 13 – Schule für Straßenkinder" ist eines der ersten Projekte, das sich systematisch und langfristig auf den Weg gemacht hat, eine Pädagogik für Kinder in schwierigen Lebenslagen induktiv zu entwickeln und damit wissenschaftliche Grundlagen für die Ausbildung von Lehrkräften in diesem Bereich zu erarbeiten. Seit über 15 Jahren werden in diesem Projekt die besonderen Lebensumstände, Verhaltensweisen, Bedürfnisse und Fähigkeiten von Straßenkindern sowie deren Reaktionen auf verschiedenste Bildungsangebote und Bildungskontexte untersucht und darüber berichtet. Dabei ist das Projekt im Laufe der Jahre gewachsen. Es hat sich entwickelt, verändert und ausdifferenziert – sich also immer wieder den gesellschaftlichen und aktuellen Gegebenheiten angepasst. Vielseitige Erfahrungen mit den besonderen, sich stetig verändernden Bedingungen und Herausforderungen an pädagogische und soziale Arbeit sind in diese Entwicklung eingeflossen. Die Annäherungen, Begleitforschungen und pädagogischen Aktionen begannen bei Kindern auf der Straße (siehe ◘ Abb. 2.2) und in niederschwelligen Straßenkinderprojekten der Stadt Medellín, sogenannten Patios der Ordensgemeinschaft Don Bosco, wo die Kinder tagsüber Schutz fanden (siehe ◘ Abb. 2.3).

☐ **Abb. 2.2**   Ein Bildungsangebot für Kinder auf einer Medellíner Straße

Verschiedene institutionalisierte und auch nicht institutionalisierte Bildungsorte in und um Medellín wurden nach und nach in die Arbeit einbezogen, da schnell klar wurde, dass Kinder und Jugendliche, die in Gebieten leben, wo die Armut groß und Gewalt an der Tagesordnung ist, besonders gefährdet sind, zu Straßenkindern zu werden (Herrera Casilimas et al. 2012).

So wurden in den letzten Jahren auch Kinder und Jugendliche in den Blick genommen, die stark gefährdet sind, Straßenkinder im Sinne der weiter oben (▶ Abschn. 2.1) gegebenen Definition zu werden. Das sind z. B. Kinder aus geflüchteten Familien, die sich am Rande großer Städte neu angesiedelt haben und bisher nicht ins Bildungssystem eingegliedert sind, z. B. in Cabuyal (☐ Abb. 2.4) bei Medellín, oder Kinder aus ländlichen Gebieten, die nicht bei ihren Familien wohnen, sondern in Sammelunterkünften bzw. Internaten in der Nähe einer Schule untergebracht sind. Hierzu gehören beispielsweise die Schule Las Granjas Infantiles (siehe ☐ Abb. 2.5) und die Finca Paso a Paso bei Girardota (vgl. Weber und Sierra Jaramillo 2013).

Man fragt sich schnell, wer denn diese ganze Arbeit leistet. „Patio 13 – Schule für Straßenkinder" ist ein binationales Bildungsprojekt, an dem deutsche und kolumbianische lehrerbildende Einrichtungen beteiligt sind. Experten und Studierende der Pädagogischen Hochschulen Heidelberg und Freiburg sowie der Universität Heidelberg (Deutschland), der Escuela Normal Superior María Auxiliadora (Copacabana, Kolumbien) und der Universidad de Antioquia (Medellin, Kolumbien) engagieren sich gemeinsam hinsichtlich der Verbesserung der Situation und Lebensperspektive von Straßenkindern in Medellin durch Bildung. Das Thema der Straßenpädagogik ist in

2

❏ **Abb. 2.3** Bildungsangebote in einem Patio der Ordensgemeinschaft Don Bosco

die Ausbildung von Lehramtsstudierenden aller beteiligten Einrichtungen integriert. Unter der Anleitung und Begleitung von Wissenschaftlern und in Kooperation mit verschiedensten Experten beobachten Forschende, Lehrende und Lehramtsstudierende gemeinsam die Bedürfnisse und das Verhalten von Straßenkindern in Lehr-Lern-Situationen. Sie entwickeln Lehr-Lern-Materialien, Unterrichtsstrategien und Evaluationsmöglichkeiten. Sie bilden sich dabei ständig theoretisch und praktisch fort und tauschen sich aus. Lehramtsstudierende, die mehrere Praktika mit Straßenkindern absolviert haben, sind in der Lage, sich der jeweiligen Situation behutsam und aufmerksam zu nähern und sinnvolle Bildungsangebote zu unterbreiten (siehe Website ▶ physik-Patio13.de). Wir halten dies für einen sehr sinnvollen Weg, pädagogische Kräfte schon frühzeitig und praxisnah auf die Anforderungen der beruflichen Praxis vorzubereiten.

Das Hauptziel von Patio 13 ist „ein Bildungsprogramm mit Angeboten in unterschiedlichen Disziplinen, das in Patios und weiteren Einrichtungen für Kinder in schwierigen Lebenslagen angeboten wird" (vgl. Welzel-Breuer und Breuer 2015). Dabei soll erreicht werden, dass Straßenkinder tatsächlich eine Chance haben, einen Bildungsweg zu gehen, der nachhaltig vom Straßenleben weg hin zu einem Leben in der Gemeinschaft mit Zukunft und Glück führt. Ein langfristiges Ziel ist, dass die Kinder die Chance bekommen, in das reguläre Bildungssystem eingegliedert zu werden.

„Patio 13 – Schule für Straßenkinder" setzt also auf der Straße und in gefährdeten Gebieten an, ohne die institutionalisierten Bildungswege aus dem Blick zu verlieren: Gruppen von Studierenden gehen regelmäßig, etwa einmal wöchentlich, in das Stadtzentrum von Medellín – dorthin, wo sich viele Straßenkinder aufhalten. Sie haben

■ Abb. 2.4   Kinder in Cabuyal bei Medellín experimentieren mit Farbbrillen

■ Abb. 2.5   Lernangebote am Nachmittag in der Schule Las Granjas Infantiles

Lernmaterialien im Rucksack und sprechen die Kinder und Jugendlichen an. Sie animieren zu gemeinsamen Lernspielen. Sind die Kinder motiviert, an regelmäßigen Bildungsangeboten teilzunehmen, dann werden sie eingeladen, in den Patio Don Bosco zu kommen und sich dort an einen geregelten Tagesablauf mit täglichen Bildungsangeboten zu gewöhnen. Auch hier werden von Lehramtsstudierenden im Rahmen ihrer pädagogischen Praktika regelmäßig Bildungsangebote gemacht. In einem weiteren Praktikum gehen sie aber auch in Gebiete bzw. Einrichtungen im ländlichen Bereich.

Aus der bisherigen Arbeit im Rahmen von „Patio 13 – Schule für Straßenkinder" sind unterschiedliche Bildungsinhalte und Strategien entstanden, die zur Entwicklung des Begriffs „Straßenpädagogik" geführt haben. Ein Master-Studiengang „Straßenkinderpädagogik" ist entstanden mit dem Ziel, Lehrkräfte auf die Arbeit mit gefährdeten Minderjährigen vorzubereiten. Der Studiengang ist inzwischen in ein E-Learning-Programm „Straßenpädagogik" integriert und wird derzeit als offiziell akkreditierter Zertifikatsstudiengang an der Universität Heidelberg angeboten. Er verschafft Einblicke in die schwierigen Lebenslagen gesellschaftlich randständiger Kinder und Jugendlicher der Welt, und er qualifiziert die Teilnehmenden dazu, jungen Menschen in Risikosituationen lebensdienliche Orientierungs- und Bildungsangebote zu machen (vgl. Weber 2017). Der Studiengang geht mit seinen Bildungsangeboten von der Situation und den Bedürfnissen der betroffenen Kinder und Jugendlichen aus.

Bei der Arbeit mit Straßenkindern in Kolumbien und durch die dort durchgeführten und erfassten langjährigen Beobachtungen ergaben sich verschiedene Herausforderungen, die bei der Gestaltung von Lernkontexten für Kinder in schwierigen Lebenslagen beachtet werden sollten (vgl. Herrera Casilimas et al. 2012):

- Wir wissen unter anderem, dass sich das Interesse von Straßenkindern nicht auf Abstraktes, sondern vorwiegend auf das unmittelbar Nützliche, Funktionale und Konkrete bezieht, das ihnen im Rahmen ihres aktuellen Lebenskontextes hilft. Somit haben sie in der Regel Schwierigkeiten, sich in komplexe und abstrakte Prozesse hineinzudenken. Sie sind in ihrer Möglichkeit eingeschränkt, langfristig oder mittelfristig zu planen oder vorauszusehen, weil sich ihr Erwartungshorizont auf das Konkrete und Praktische und ihr Zeitsinn auf die Gegenwart beziehen.
- Ihre sprachliche Entwicklung ist auf den für das Leben auf der Straße notwendigen und üblichen Code eingeschränkt, wodurch ihre verbale Kommunikation eher in einfachen und kurzen Satzkonstruktionen unter Nutzung eines weiten Repertoires an Gesten läuft. Ihre Konzentrationsfähigkeit ist von kurzer Dauer.
- Die Schriftsprache ist unterentwickelt: Straßenkinder, die schreiben können, sind in ihrer Ausdrucksfähigkeit stark begrenzt. Sie zeigen jedoch wenig Motivation und Interesse am Schreiben. Insgesamt schwankt ihre Motivation stark, sich mit Lernangeboten zu befassen, was oft von der Unsicherheit bezüglich ihrer eigenen Fähigkeit herrührt. Die Angst, nicht fähig zu sein und sich vor den Gleichaltrigen zu blamieren, beeinflusst ihr Verhalten stark.

Aus diesen Gründen benötigen Straßenkinder permanent und ausdrücklich wertschätzende und mitfühlende Anerkennung. Obwohl sie grundsätzlich Widerstand gegen Normen und Regeln zeigen, weil es in den Beziehungen dieser Kinder mit ihren *peers* (gleichaltrige Kinder bzw. Jugendliche in ähnlicher Situation) rau zugeht und oft zu

Konflikten und aggressiven Auseinandersetzungen kommt, verhalten sie sich gegenüber Lehramtsstudierenden, die in Projekten Bildungsangebote unterbreiten, respektvoll und hinsichtlich ihrer Arbeit wertschätzend.

Im Gegensatz zu den beschriebenen Defiziten sind die motorischen Fähigkeiten wie Beweglichkeit, Gleichgewicht, Schnelligkeit, Kraft bei Straßenkindern in der Regel gut entwickelt.

Im Projekt „Patio 13 – Schule für Straßenkinder" knüpfen wir an die oben beschriebenen individuellen Fähigkeiten und Defizite an und versuchen weiterzugehen: In einem Team aus Sozialwissenschaftlerinnen, Pädagogen und Fachdidaktikerinnen aus Kolumbien und Deutschland arbeiten wir gemeinsam und im Rahmen der Ausbildung von Lehrerinnen und Lehrern in beiden Ländern daran, ein Bildungsprogramm für Straßenkinder zu entwickeln und umzusetzen, mit dem diese Kinder reguläre Bildungsangebote in verschiedenen Bildungsbereichen wahrnehmen können. Die Bildungsangebote werden für solche Orte und Kontexte entwickelt, in denen sich die Straßenkinder befinden: beginnend auf der Straße und fortgeführt in institutionalisierten Straßenkinderprojekten. Damit starten die Angebote im unmittelbaren Lebensumfeld der Kinder, greifen die jeweilige Situation auf und setzen an Fähigkeiten und Interessen der Kinder und Jugendlichen an.

Die Bildungsangebote sollen möglichst vielfältig und speziell auf die Voraussetzungen und Bedürfnisse der Straßenkinder zugeschnitten sein. Sie sollen ein Angebot darstellen, das die Straßenkinder gerne und freiwillig annehmen – auch auf Dauer. Wie das genau funktionieren kann und wie dabei vorgegangen wird, ist auf der Website des Projekts ▶ https://patio13.de/ zu erfahren (siehe ◘ Abb. 2.6).

Die im Projekt „Patio 13 – Schule für Straßenkinder" entwickelte Straßenpädagogik mit ihrem individuellen Zugang dient unserem Projekt „Physik für Straßenkinder" als pädagogische und allgemeindidaktische Grundlage. Mit einem konkreten fachdidaktischen Bezug im Bereich der Physik (bzw. Naturwissenschaften) für Straßenkinder realisieren wir eine spezifische Erweiterung.

Im Rahmen des Projektes „Patio 13" haben wir das fachdidaktische Bildungsangebot **„Physik für Straßenkinder"** somit als Teilprojekt konzipiert und umgesetzt. Kolumbianische Lehramtsstudierende, die in der Regel zunächst ein Primarstufenlehramt anstreben, werden hier von uns im forschend-endeckenden Zugang zum naturwissenschaftlichen Unterricht ausgebildet. Sie bringen ihre eigenen Erfahrungen im Umgang mit Straßenkindern ein, die sie im Laufe der Schulzeit systematisch sammeln und reflektieren konnten. Sie lernen physikalische Grundlagen und Experimente in ausgewählten Teilbereichen der Physik (mit interdisziplinären Bezügen zu anderen Naturwissenschaften) sowie die Prinzipien forschend-entdeckenden Lernens kennen. Sie konzipieren, erproben und reflektieren auf dieser Grundlage eigenen Unterricht für die Arbeit mit Straßenkindern. Dadurch sollten sie in die Lage versetzt werden, Straßenkinder in einer authentischen Lernumgebung für Physik zu begeistern und ihnen erste Schritte einer naturwissenschaftlichen Grundbildung zu ermöglichen (vgl. Welzel-Breuer und Breuer 2014).

2

Patio13
Schule für Strassenkinder

Guerillakinder

Guerillakinder Elizabeth meint, dass die
Guerilleros auf ihren Gewaltmärschen durch
den Urwald des Amazonasgebiets, durch die
Steppen der Llanos und im Hochgebirge der
Sierra Nevada de Santa Marta al...

**Arbeit mit Straßenkindern in
Kolumbien nahe gebracht**

Von Hans-Jürgen Kommert 13.01.2017 – 21:00
Uhr. Religionslehrerin Michaela Conzelmann
(rechts) erklärt den Schülern der siebten
Klassen, wie die beiden Pädagogik-
Studentinnen Carolina ...

**Cantaré, cantarás – ein Film über Javier
de Nicoló**

2016 verstarb der Pater Javier de Nicoló, dem
die Straßenpädagogik viel verdankt. Hier ein
Film über ihn und sein visionäres Vorhaben –
die Gründung einer "Stadt der
Straßenkinder&#..

◙ **Abb. 2.6**   Screenshot Projektwebsite Patio 13. (▶ https://patio13.de/)

Literatur

Berthold, T. (2014). *In Erster Linie Kinder. Flüchtlingskinder in Deutschland*. Köln: Deutsches Komitee für
   UNICEF e. V.
Bundesamt für Migration und Flüchtlinge. (2016). *Aktuelle Zahlen zu Asyl*. Nürnberg: Bundesamt für
   Migration und Flüchtlinge (Ausgabe: August 2016).
Butterwegge, C., Holm, K., Imholz, B., Klundt, M., Michels, C., Schulz, U., Zander, M., & Zeng, M. (2004).
   Armut und Kindheit. Ein regionaler, nationaler und internationaler Vergleich (2. Aufl.). Wiesbaden: VS
   Verlag.
DPG. (2018). Website Physik für Flüchtlinge. ▶ https://www.dpg-physik.de/pff/index.html. Zugegriffen:
   17. Febr. 2018.
Herrera Casilimas, G. E., Patiño Hurtado, N. A., Correa Carmona, D., Días Arroyave, D., Cataño Sánchez, S. M.,
   & Vanegas Rendón, L. C. (2012). *Tejiendo caminos de esperanza. La formación de maestros en contextos
   de vulnerabilidad*. Prégon: Medellín.

Ortiz Palacio, C. D., & Welzel-Breuer, M. (2018). Physik für Kinder in schwierigen Lebenslagen – Eine empirische Studie zur Erfassung und Beschreibung spezifischer Rahmenbedingungen und Herausforderungen aktueller Bildungsangebote. Internetzeitschrift: PhyDid B – Didaktik der Physik – Beiträge zur DPG-Frühjahrstagung. (ISSN 2191-379X). ► http://www.phydid.de/index.php/phydid-b/article/view/790/935. Zugegriffen: 17. Febr. 2018.

Schnebel, U. (2009). „Straßenkinder" ein weltweites Phänomen. ► www.strassenkinderreport.de. Zugegriffen: 17. Febr. 2018.

UN. (1989). Convention on the rights of the child. ► http://www.ohchr.org/Documents/ProfessionalInterest/crc.pdf. Zugegriffen: 17. Febr. 2018.

UNICEF. (2016). *The state of the world's children 2016. A fair chance for every child.* New York: UNICEF.

Unidad para las Victimas. (2016). ► http://rni.unidadvictimas.gov.co. Zugegriffen: 17. Febr. 2018.

UNHCR. (2016). *Global trends forced displacement in 2015.* Geneva: UNHCR.

Weber, H. (2016). Flüchtlingskinder in Deutschland. ► www.patio13.de. Zugegriffen: 17. Febr. 2018.

Weber, H. (2017). Website des Projektes. ► https://patio13.de/. Zugegriffen: 17. Febr. 2018.

Weber, H., & Sierra Jaramillo, S. (2003). *Narben auf meiner Haut. Straßenkinder fotografieren sich selbst.* Frankfurt a. M.: Büchergilde Gutenberg.

Weber, H., & Sierra Jaramillo, S. (2013). *Bildung gegen den Strich. Lebensort Straße als pädagogische Herausforderung.* Don Bosco Medien: München.

Welzel-Breuer, M., & Breuer, E. (2014). Science for street children. Results of a longterm developmental project in science education. In E-Book Proceedings of the ESERA 2013 Conference, Nicosia, Cyprus. Strand 12 – Cultural, social and gender issues in science and technology education. ► http://www.esera.org/publications/esera-conference-proceedings/science-education-research-for-evidence-/. Zugegriffen: 17. Febr. 2018.

Welzel-Breuer, M., & Breuer, E. (2015). Physik für Straßenkinder. In einem fachdidaktischen Projekt in Kolumbien erhalten Straßenkinder in Patios Physikunterricht. *Physik Journal 14*(8/9), 71–74 (Weinheim: Wiley-VCH).

3

Bildungsprozesse gestalten – Was sagt die Lehr-Lern-Forschung dazu?

3.1 Spezifische Voraussetzungen klären und Motivation fördern – 29

3.2 Lernprozesse gestalten – sprachliche Fähigkeiten beachten – 31

Literatur – 33

© Springer-Verlag GmbH Deutschland, ein Teil von Springer Nature 2018
M. Welzel-Breuer, E. Breuer, *Physik (nicht nur) für Straßenkinder*,
https://doi.org/10.1007/978-3-662-57663-2_3

Die Beantwortung der Frage nach den Bedingungen und Möglichkeiten für eine effektive und nachhaltige Bildung für Jugendliche, die unter besonders schwierigen Bedingungen leben, ist für uns von besonderer Bedeutung. Auf der einen Seite geht es uns darum, eine entspannte Lernatmosphäre, das Erleben von Selbstwirksamkeit und Verwirklichungschancen zu gewährleisten (vgl. ► Kap. 1 und Weber 2012). Auf der anderen Seite möchten wir die Ausbildung von Fähigkeiten und lebensnotwendigen Kompetenzen im naturwissenschaftlich-technischen Bereich ermöglichen, die es auch randständigen Heranwachsenden gestatten, ihre soziale und materielle Welt bewusst wahrzunehmen, Zusammenhänge zu verstehen und ihr Leben in dieser Welt aktiv mitzugestalten.

Aus Sicht der Fachdidaktik und der Lernprozessforschung sind die notwendigen Bedingungen für die Gestaltung entsprechender Lehr-Lern-Situationen zu betrachten. Dabei gilt es, das Wechselspiel zwischen Lernenden, Lehrenden und den zu vermittelnden Inhalten innerhalb der Lehr-Lern-Situation (dem Lernkontext) im Blick zu behalten:

- Die **Lernenden** bringen ihre Lebensgeschichte, intellektuellen Voraussetzungen, fachlichen Vorkenntnisse, Interessen und Motive ein und prägen damit die Lernatmosphäre.
- Die **Lehrenden** wenden ihre Kenntnisse über Lernprozesse an und interagieren unter Nutzung ihrer sozialen und fachlichen Fähigkeiten. Jede Lehrkraft ist anders und hat ihre Stärken, Schwächen und weitere individuelle Besonderheiten.
- Die zu vermittelnden **Inhalte** können bezüglich ihrer Strukturierung, Schwierigkeit oder Differenziertheit unterschiedlich anspruchsvoll sein. Dies wird insbesondere deutlich, wenn man sich z. B. die fachliche Struktur physikalischer Inhalte anschaut: Da gibt es zu beobachtende Phänomene oder Prozesse, die auf unterschiedlichen Abstraktionsstufen mit Fachbegriffen zu beschreiben und zu erklären sind. Das Wissen soll in der Praxis anwendbar sein und Voraussagen zulassen. Es stellt sich dabei jederzeit die Frage, welcher Abstraktionsgrad für die einzelnen Kinder und Jugendliche sinnvoll ist. Die Frage, welche Alltagsbezüge in welcher Qualität hergestellt werden können, hängt zudem von entwicklungspsychologischen, kulturellen und regionalen Besonderheiten ab.

Solche Lehr-Lern-Situationen zu gestalten, die randständige Kinder ohne reguläre schulische Sozialisation in ihren Bann ziehen und dazu führen, dass diese sich auch über einen längeren Zeitraum mit naturwissenschaftlich-technischen Fragestellungen befassen (siehe ◘ Abb. 3.1), ist eine komplexe Herausforderung. Es ist von den Lehrenden zu klären, welches die spezifischen Voraussetzungen sind, die diese Kinder mitbringen. Daran anknüpfend muss überlegt werden, welche Bildungsangebote hinsichtlich des Inhalts und Niveaus zu ihnen passen und welche Bedingungen für die Gestaltung von Lernsituationen erfüllt sein sollten. Hinzu kommt die Frage danach, wie Lernprozesse gesteuert und begleitet werden können.

Wir beziehen uns zur Beantwortung dieser Fragen auf Befunde der Forschung im Bereich der (allgemeinen) Straßenkinderpädagogik, der Lernprozessforschung und der Fachdidaktik bzw. *Science Education*. Forschungsergebnisse dieser unterschiedlichen Disziplinen, die sich mit Lehr-Lern-Forschung befassen, können hier eine gute Grundlage bilden.

Beginnen wir bei den Lernenden – den Kindern in schwierigen Lebenslagen.

◘ Abb. 3.1   Eine kolumbianische Lehramtsstudentin in einer Lehr-Lern-Situation zur Zeitmessung mit Kindern im Patio Don Bosco

3.1   Spezifische Voraussetzungen klären und Motivation fördern

Mit Seligman und Csikszentmihalyi (2000) gehen wir davon aus, dass ein positives Selbstkonzept die Motivation für lebenslanges Lernen als individuelle Entwicklungsaufgabe stützt und somit der Nachhaltigkeit aller Bildungsbemühungen dient. Das Attribut „positiv" bezieht sich auf die Art und Weise der Kompetenzförderung und rekurriert explizit auf Seligmans Ansatz der positiven Psychologie. Grundlegendes Ziel ist eine konsequente Verlagerung des Brennpunktes in der Pädagogik weg von der Defizit-fixierung hin zur Stärkenorientierung. Es ist also zu empfehlen, die individuellen Stärken der Kinder und Jugendlichen herauszufinden, einzufordern und zu nutzen.

Wie kann an ihre Erfahrungen und oft verschütteten Stärken nachhaltig angeknüpft werden? Welche Bedingungen fördern die Selbstwirksamkeit der betroffenen Kinder und Jugendlichen?

Aus Sicht der Fachdidaktik der Naturwissenschaften sind zudem Lernumgebungen zu schaffen, die permanent an die spezifischen Bedürfnisse von Straßenkindern und ihre Vorkenntnisse und Lernaktivitäten angepasst werden können und dabei ein effektives Wechselspiel zwischen Lehr- und Lernaktivitäten ermöglichen. Welches sind die spezifischen Lernbedürfnisse?

Hier greifen wir auf Ergebnisse der fachdidaktischen Lernprozessforschung zurück. Roth (1995) zeigt, dass insbesondere „authentische" Lernumgebungen für effektive Lehr-Lern-Kontexte notwendig sind. Das bedeutet beispielsweise, dass für

Schulunterricht authentische Schul-Lernumgebungen zu gestalten sind, die auf Schulkinder zugeschnitten sind und die deren schulische und außerschulische Erfahrungen und Gewohnheiten sowie ihre Interessen und Möglichkeiten einbeziehen.

Schulkinder sind trotz aller Individualität in ähnlicher Weise sozialisiert. Sie kennen in der Regel die Normen in der Schul- und Klassengemeinschaft und sind es gewohnt, darin ihr Handeln so auszurichten, dass ihre Grundbedürfnisse erfüllt sind: Autonomieerleben, Selbstintentionalität und soziale Eingebundenheit (vgl. Deci und Ryan 1993). Sie haben einen recht konstanten und geregelten Tagesrhythmus mit Arbeits- und Erholungsphasen und können sich darauf verlassen, dass diese auch eingehalten werden. Sie haben ein familiäres Umfeld, das ihnen materiell und ideell Sicherheit und Schutz gibt. Sie sind auf einem Ausbildungsweg, der ihnen mit den entsprechenden Bildungsplänen Zeit für Entwicklung und Talententfaltung gibt, und können davon ausgehen, in eine gesicherte Zukunft hineinzuwachsen, wenn sie sich innerhalb des Systems bewähren. Insofern ist die Gruppe der Schulkinder stark homogenisiert. Pädagogen kennen über eigene Erfahrungen im System sowie über ihre pädagogische und psychologische Ausbildung die Kinder mit ihren Stärken und Schwächen und wissen, auf welchen motivationalen und kognitiven Voraussetzungen sie wie aufbauen können. Das System bietet den Pädagogen Unterstützung, Rat und Hilfe bei „Problemfällen". Lernschwierigkeiten werden über gut entwickelte Maßnahmen und Unterstützungsangebote überwunden. Bewährtes Material steht in der Regel ausreichend zur Verfügung. So können Pädagogen Lernkontexte alters- und entwicklungsadäquat und mit Alltags- und Zukunftsbezügen gestalten und zusätzlich die Lernprozesse der Kinder und Jugendlichen beobachten und begleiten.

Genauso brauchen Straßenkinder spezielle Lernkontexte, die die besonderen Erfahrungen, Motive und Interessen berücksichtigen, die Straßenkinder haben. Straßenkinder leben ein völlig anderes Leben als normale Schulkinder, die ein Zuhause und Familie gewohnt sind. Sie verhalten sich anders und sie empfinden anders (vgl. zum Folgenden Herrera Casilimas et al. 2010).

Beim Umgang mit kolumbianischen Straßenkindern und -jugendlichen zeigt sich, dass es insbesondere die eigene konkrete, überschaubare Umwelt ist, die ihre Aufmerksamkeit weckt. Ihr Interesse richtet sich auf Praktisches und Verwertbares. Straßenkinder betrachten Dinge, Situationen und Menschen in der Regel unter der Fragestellung, was sie ihnen nützen und was sie mit ihrer Hilfe erreichen könnten. Ihre Aufmerksamkeit ist augenblicksorientiert, flüchtig und wechselhaft. Schließlich müssen sie in ihrer alltäglichen Lebenswelt auf der Straße ständig auf neue Situationen reagieren, Gefahren erkennen und abwehren können. Was sie zunächst interessant finden und mit Spannung verfolgen, ist ihnen kurz darauf unter Umständen gleichgültig oder langweilt sie. Es wurde entsprechend beobachtet, dass Straßenkinder ganz und gar im Hier und Jetzt leben. Was für sie zählt, ist konkret, praktisch, verwertbar und aktuell. Lehr-Lern-Situationen müssen dies berücksichtigen. Die Art von Aktivitäten, Aufgaben, Herausforderungen, Materialien und Problemstellungen ist ausschlaggebend dafür, ob sich Straßenkinder beteiligen und auf unsere Lernangebote einlassen.

Zudem zeigen sich Straßenkinder, wenn sie nicht krank, durch Unfälle beeinträchtigt sind oder unter Drogeneinfluss stehen, überraschend stark und äußerst beweglich. Auf Anregungen, die sie körperlich fordern, gehen sie in der Regel bereitwillig ein. Sie lieben es, sich zu bewegen, in Aktion zu treten und ihre Kräfte immer wieder mit anderen zu messen und dabei erfolgreich zu sein. Auch dies lässt sich in Lehr-Lern-Umgebungen einbeziehen: Lernumgebungen, so folgern wir, sollten sie körperlich herausfordern und ihre Geschicklichkeit ansprechen. So sind Erfolgserlebnisse und Selbstwirksamkeitserfahrungen möglich.

Herrera Casilimas et al. (2010) stellen weiterhin fest, dass man die Aufmerksamkeit von Straßenkindern immer nur für kurze Zeit gewinnt. Konzentration sei eine schwere Herausforderung. Das Interesse erlahme schnell. Am liebsten eilten Straßenkinder von Attraktion zu Attraktion. Je schwieriger eine Aufgabe sei, desto schneller hielten sie nach etwas anderem Ausschau. Aus dieser Beobachtung leiten wir ab, dass das Aufgabenniveau und die notwendige Bearbeitungszeit gut an die Aufmerksamkeitsspanne der Kinder angepasst sein sollten. Herausforderungen müssen behutsam und schrittweise gesteigert werden.

Aufgrund fehlender bzw. meist negativer Erfahrungen fällt es Straßenkindern schwer, tragfähige Beziehungen zu anderen Menschen herzustellen, die weiter reichen als ihre konkreten Erwartungen. Im Kontakt untereinander sind sie oft schroff. Sie stehen in Konkurrenz zueinander. Neckereien gehen rasch in Streit über. Wenn sie miteinander kämpfen, geht es selten ohne schmerzhafte Schläge oder Tritte ab. Manchmal fallen sie ohne Vorwarnung übereinander her. Auch hierfür sind Strategien auf der Seite der Pädagogen zu entwickeln, die helfen, Frieden zu stiften und zu produktiver Aktivität zurückzukehren. Dafür müssen die Ursachen für Streit erkannt und gebannt werden.

Was die von anderen erwartete Aufmerksamkeit und Zuwendung betrifft, so sind Straßenkinder anspruchsvoll und stets darauf bedacht, dass man ihnen freundlich und warmherzig begegnet. Sie wollen wertgeschätzt werden. Im Kontakt mit Straßenkindern gibt es jedoch kein ausgewogenes Verhältnis von Geben und Nehmen. Ihr Verlangen ist oft grenzenlos und sollte für uns letztlich ein positives Zeichen dafür sein, dass sie an Bildungsangeboten und sozialen Kontakten, die die Grenzen ihres eigenen Lebensraums überschreiten, interessiert sind.

3.2 Lernprozesse gestalten – sprachliche Fähigkeiten beachten

Lernprozessstudien im Bereich des naturwissenschaftlichen schulischen Lernens (z. B. Breuer 1994; Welzel 1995, 1997, 1998; Welzel et al. 1999; von Aufschnaiter und Welzel 1999) haben gezeigt, dass sich Lernen immer in sehr individuellen Prozessen und situativ an den jeweiligen Kontext gebunden vollzieht. Damit passiert Lernen nicht abstrakt, sondern in ganz konkreten Situationen. Neue Bedeutungen und damit neues Wissen entstehen in einem Wechselspiel von bereits in ähnlichen Situationen gemachten Erfahrungen, die sich in Erwartungen an die aktuelle Situation zeigen und nun die Wahrnehmung und das Handeln steuern. Muss Handeln angepasst werden, weil Erwartungen sich nicht erfüllen, werden neue Erfahrungen gemacht und neues Wissen entsteht. Bedeutungsentwicklungsprozesse verlaufen damit ausnahmslos individuell, subjektiv und immer gebunden an ganz konkrete Situationen. Sind grundlegende Erfahrungen für einen zu lernenden Bereich noch nicht gemacht worden, können Lernprozesse nicht in Gang gesetzt werden.

Sollen Lernumgebungen lernprozessadäquat gestaltet werden, muss dies berücksichtigt werden. Für das Lernen im Bereich der Naturwissenschaften bedeutet dies, mit den Kindern bei konkreten Erfahrungen mit Materialien zu starten, diese Erfahrungen ausreichend in explorierenden und experimentierenden Zusammenhängen zu variieren, bevor theoretische Sachverhalte und Zusammenhänge überhaupt verstanden und sinnvoll diskutiert und angewendet werden können.

Eine Sache ist es, Lernziele für unsere Bildungsangebote zu formulieren und Lernprozesse zu planen, eine andere, diese bei den Kindern und Jugendlichen auch umzusetzen. Wie wir weiter oben gesehen haben, sind Kinder und Jugendliche, die lange Zeit auf der Straße gelebt haben, anders sozialisiert und entwickelt, als Schulkinder, mit denen wir üblicherweise arbeiten. Straßenkinder kennen das konkrete Leben und Überleben auf der Straße. Wollen sie etwas ausdrücken oder erklären, gehen sie meist intuitiv vor und halten sich an das, was sie sehen und spüren. Theoretische Konstruktionen und Vorstellungen zu entwickeln, gehört nicht zu ihrem Lebensalltag. So bewegen sie sich – selbstverständlich – innerhalb des Rahmens ihrer Alltagserfahrungen (vgl. Weber 2012).

Bezogen auf unser Vorhaben, Physikunterricht für Straßenkinder zu entwickeln, der zu den individuellen Lernprozessverläufen passt, bedeutet das, dass die Straßenkinder im neuen Lernkontext der naturwissenschaftlichen Phänomene die Möglichkeit haben müssen, erst einmal ganz konkret mit sehr elementarem Experimentiermaterial Erfahrungen zu sammeln und dabei ihre Beobachtungen zu differenzieren und zu kommunizieren. Da dies für sie neu ist und somit überraschend sein kann, werden sie motiviert dabei sein.

Die sprachlichen Fähigkeiten, welche für die pädagogische Arbeit mit Schulkindern zentral sind und bei diesen schon früh ausgebildet werden, sind bei Straßenkindern sehr häufig eingeschränkt, in der Entwicklung verlangsamt oder gestört. Straßenkinder benutzen den auf der Straße gebräuchlichen Code mit Begriffen, die oft nur sie selbst verstehen. Wenn sie Urteile fällen, kommen sie meist ohne kompliziertes Argumentieren, Analysieren und Abwägen aus. Die Begrenztheit ihres sprachlichen Ausdrucks machen sie mit nonverbalen Gesten wett. Körperbewegungen ersetzen Wörter und Erklärungen. Dies sollte auch in Unterrichtssituationen berücksichtigt und ermöglicht werden.

Auch diejenigen Jugendlichen unter den Straßenkindern, die die Schule besucht haben, können oft nur mühsam lesen und schreiben. Die wenigsten sind fähig, sich für uns zufriedenstellend schriftlich auszudrücken oder selbständig kleinere Texte zu verfassen. Zum Ausgleich des Mangels garnieren sie ihre Sätze mit Zeichnungen, die auch bei älteren Jugendlichen infantil erscheinen. Die Motivation zu schreiben oder gar schreiben zu lernen, ist selten stark ausgeprägt.

Zusammenfassung

Aufgrund der dargestellten lerntheoretischen, pädagogisch-psychologischen und fachdidaktischen Kenntnisse sollten die folgenden Aspekte bei der Planung und Durchführung von Lehr-Lern-Kontexten mit Straßenkindern berücksichtigt werden:

- die eigene, konkrete Umwelt der Straßenkinder in Beispielen, Aktivitäten und Aufgaben immer wieder einbeziehen, dazu die Straßenkinder auch befragen,
- nicht mit weitreichenden (fachlichen) Vorkenntnissen oder -erfahrungen rechnen und deswegen mit basalen Phänomenen, Experimenten und Beobachtungen starten,
- Praktisches und Verwertbares muss einen besonderen Stellenwert im Lernkontext bekommen,

- Lerninhalte müssen für die Straßenkinder einen aktuellen Sinn ergeben und sollten nicht langfristig angelegt sein,
- sprunghaftes Interesse der Straßenkinder einkalkulieren, Zeit zum Beobachten und Denken geben,
- Geschicklichkeit der Straßenkinder gezielt nutzen,
- körperlichen Einsatz einplanen und so Erfolgserlebnisse organisieren,
- Aufgabenschwierigkeit flexibel an die Situation anpassen (ggf. Schwierigkeit variieren),
- Beobachtungsergebnisse aufzeichnen lassen,
- sich auf die Kommunikations-Codes der Straße einlassen,
- das Kommunizieren üben und dabei nach und nach sprachliche Kompetenzen hinsichtlich der Fachsprache aufbauen,
- freundlich und warmherzig sein und freudige Erlebnisse bewirken,
- auch kleine Erfolge wertschätzen.

Literatur

Aufschnaiter, S. von, & Welzel, M. (1999). Individual learning processes – A research programme with focus on the complexity of situated cognition. In M. Bandiera, S. Caravita, E. Torracca, & M. Vicentini (Hrsg.), *Research in science education in Europe* (S. 209–215). Dordrecht: Kluwer.

Breuer, E. (1994). *Zur Orientierung individueller Entwicklungen im Physikunterricht durch Erfahrungen. Eine Fallstudie in einem Physik-Leistungskurs Elektrostatik.* Dissertation. Universität Bremen. Fachbereich 1 (Physik/Elektrotechnik).

Casilimas, H., et al. (2010). *Tejiendo caminos de esperanza. La formación de maestros en contextos de vulnerabilidad.* Medellín: I.E. Escuela Normal Superior María Auxiliadora de Copacabana.

Deci, E. L., & Ryan, R. M. (1993). Die Selbstbestimmungstheorie der Motivation und ihre Bedeutung für die Pädagogik. *Zeitschrift für Pädädagogik, 39*(2), 223–238.

Roth, W.-M. (1995). *Authentic school science: Knowing and learning in open-inquiry laboratories.* Dordrecht: Kluwer.

Seligman, M. E. P., & Csikszentmihalyi, M. (Hrsg.). (2000). Positive psychology – An introduction. *American Psychologist, 55,* 5–14.

Weber, H. (2012). Der Straßenkinderreport. Zur Lage der Kinder in der Welt. ► http://www.strassenkinderreport.de/startseite.php. Zugegriffen: 17. Febr. 2018.

Welzel, M. (1995). *Interaktionen und Physiklernen: Empirische Untersuchungen im Physikunterricht der Sekundarstufe I: Bd. 6. Didaktik und Naturwissenschaft.* Frankfurt a. M.: Lang.

Welzel, M. (1997). Student centred instruction and learning processes in physics. *Research in Science Education, 27*(3), 383–394.

Welzel, M. (1998). The emergence of complex cognition during a unit on static electricity. *International Journal of Science Education, 20*(9), 1107–1118.

Welzel, M., Aufschnaiter, C. von, & Schoster, A. (1999). How to interact with students? The role of teachers in a learning situation. In J. Leach & A. C. Paulsen (Hrsg.), *Practical work in science education: Recent research studies* (S. 313–327). Denmark: Roskilde University Press.

Physik für Straßenkinder: Welche Kompetenzen benötigen die Lehrkräfte?

Literatur – 39

4

> Auf der Straße leben, heißt in einer anderen, fremden Welt zu überleben versuchen. Straßenkinder weisen Defizite auf, sie haben aber auch Stärken und bringen wertvolle Erfahrungen ein. Sie leiden unter Beeinträchtigungen, verfügen aber auch über einen starken Überlebenswillen. Oft zeigen sie eine außergewöhnliche Kreativität. Bevor man ihnen helfen und Lernangebote machen kann, muss man sie verstehen (Weber 2012).

Ergebnisse einer Feldstudie von Corso (2001) zeigten, dass „die schwache Schulleistung der Straßenkinder nicht als kognitives Defizit oder Resultat ihrer Armut betrachtet werden kann. Die Art und Weise wie Schule und Schulinhalte organisiert sind, ist ein wichtiger Faktor, der zum Schulversagen der Kinder beiträgt". Aus dieser Aussage kann geschlossen werden, dass Ausbildung und Einsatzfähigkeit der Lehrkräfte für den Erfolg des Bildungsangebots entscheidend sind, vor allem hinsichtlich des methodisch-didaktischen Umgangs mit Lerninhalten und Lernenden. Deshalb sollte die Auseinandersetzung mit der Straßenpädagogik ein wesentlicher Bestandteil von Projekten sein, die auf Kinder und Jugendliche auf der Straße ausgerichtet sind.

Für die Qualität der Umsetzung von Bildungsangeboten sind die Lehrkräfte mit ihren Kompetenzen, passgenaue Lernumgebungen zu gestalten, der Schlüssel. Es muss also zunächst geklärt werden, welche Kompetenzen auf Seiten der Lehrkräfte notwendig sind, mit Kindern in schwierigen Lebenslagen zu arbeiten.

Wir stützen uns dazu, wie es sich in der Naturwissenschaftsdidaktik bewährt hat, auf die allgemeine Kompetenzdefinition nach Weinert (2001):

> [Kompetenzen sind die] bei Individuen verfügbaren oder durch sie erlernbaren kognitiven Fähigkeiten und Fertigkeiten, um bestimmte Probleme zu lösen sowie die damit verbundenen motivationalen, volitionalen und sozialen Bereitschaften und Fähigkeiten, um Problemlösungen in variablen Situationen erfolgreich und verantwortungsvoll nutzen zu können (Weinert 2001, S. 27 f.).

Kompetenzen werden – bezogen auf die Situation der Lehrkräfte – als persönliche Voraussetzungen zur Bewältigung von professionellen Anforderungen aufgefasst, die grundsätzlich veränderbar und erlernbar sind (u. a. Klieme und Leutner 2006). Das Modell von Heyse und Erpenbeck (2004) liefert als Grundlage hierfür einen berufsübergreifenden Überblick über wesentliche Kompetenzen für ein erfolgreiches Berufsleben, der sich hier gut anwenden lässt. Es werden vier Kompetenzbereiche definiert: personale, aktivitäts- und handlungsorientierte, fachlich-methodische und sozial-kommunikative Kompetenzen.

Diese Bereiche sind nun konsequenterweise auf die pädagogische Arbeit mit Kindern in schwierigen Lebenslagen zu beziehen und zu konkretisieren. Genau dazu lassen sich die auf Shulmans Arbeit (1986, 1987) basierenden und vom „National Board for Professional Teaching Standards" (NBPTS 2016) erarbeiteten und hier im Überblick dargestellten fünf Standards nutzen:

> 1. Teachers are committed to students and their learning.
>   2. Teachers know the subjects they teach and how to teach those subjects to students.
>   3. Teachers are responsible for managing and monitoring student learning.
>   4. Teachers think systematically about their practice and learn from experience.
>   5. Teachers are members of learning communities.

Die personalen, aktivitäts- und handlungsorientierten, fachlich-methodischen und sozial-kommunikativen Kompetenzen nach Heyse und Erpenbeck (2004) sind in diesen fünf Standards gut aufgehoben und auch Fachwissen (content knowledge CK), pädagogisches (pedagocical knowledge PK) und fachdidaktisches Wissen (pedagogical content knowledge PCK) sind integriert. Somit lassen sich die notwendigen Kompetenzen der Lehrkräfte für die Arbeit mit Kindern in schwierigen Lebenslagen auf die folgenden **fünf Aspekte** fokussieren:

Fachdidaktische Kompetenzen für die Arbeit mit Kindern in schwierigen Lebenslagen

1. Die Lehrkräfte kennen die Spezifik, Bedürfnisse und das Vorwissen der Kinder in schwierigen Lebenslagen und können diese in ihre Unterrichtsplanungen einbeziehen.
2. Die Lehrkräfte verfügen über die notwendigen fachlichen und fachdidaktischen Kenntnisse in den zu vermittelnden physikalischen bzw. naturwissenschaftlichen Themenbereichen.
3. Die Lehrkräfte organisieren und begleiten Lernprozesse der Kinder in schwierigen Lebenslagen.
4. Die Lehrkräfte denken systematisch über ihre Arbeit mit den Kindern in schwierigen Lebenslagen nach und lernen aus eigener Erfahrung.
5. Die Lehrkräfte sind Mitglieder einer „learning community".

Es ergibt sich nun die Frage, inwieweit Lehrkräfte, die mit Kindern in schwierigen Lebenslagen arbeiten, über diese fünf Kompetenzen verfügen und inwieweit sie Unterstützung benötigen könnten. Unsere Beobachtungen ergeben das folgende, differenzierte Bild:

Das beteiligte Lehrpersonal z. B. der Projekte „Physik für Straßenkinder" und „Physik für Flüchtlinge" ist bezüglich seiner beruflichen Ausbildung und der vorliegenden Erfahrungen in der Arbeit mit Kindern in schwierigen Lebenslagen hinsichtlich der fünf oben genannten Aspekte sehr unterschiedlich.

- **Aspekt 1**
- ■ **Die Lehrkräfte kennen die Spezifik, Bedürfnisse und das Vorwissen der Kinder in schwierigen Lebenslagen und können diese in ihre Unterrichtsplanungen einbeziehen**

Im Projekt „Physik für Straßenkinder" wird dieser Aspekt von den pädagogischen Kräften, welche in der Regel Lehramtsstudierende sind, die sich im Rahmen ihrer Ausbildung auch mit der Spezifik von Straßenkindern, deren Bedürfnisse und Vorwissen aktiv auseinandersetzen, gut erfüllt. Im Projekt „Physik für Flüchtlinge" ist dies häufig nicht der Fall. Hier sind Fortbildungen und Erfahrungsaustausch für eine erfolgreiche Arbeit essentiell.

Hinzu kommt der Sprachaspekt: Im Fall des Projektes „Physik für Straßenkinder" in Kolumbien sprechen Lehrpersonal und Kinder die gleiche Sprache: Spanisch. Aber die Mehrheit der Kinder kann weder lesen noch schreiben. Malen und zeichnen sind hier gute Vermittler von individuellen Beobachtungen, Erfahrungen und Kenntnissen.

Im Projekt „Physik für Flüchtlinge" sind die vorwiegend deutschen Helferinnen und Helfer mit Kindern konfrontiert, die weder deutsch, noch eine gemeinsame andere Sprache sprechen. So erleben wir, dass die Lehrkräfte, die mit

Flüchtlingskindern zu tun haben, die sprachlichen Barrieren und Unsicherheiten im Umgang mit Traumatisierten als wichtigste Herausforderung bezeichnen, die irgendwie überwunden werden muss. Gutes didaktisches Material (z. B. in Form von Begriffskärtchen mit bildlichen Darstellungen und Platz für Beschriftungen) kann und sollte hier Unterstützung bieten und auf Visualisierung und Sprachförderung setzen.

- **Aspekt 2**
- ■■ **Die Lehrkräfte verfügen über die notwendigen fachlichen und fachdidaktischen Kenntnisse in den zu vermittelnden physikalischen bzw. naturwissenschaftlichen Themenbereichen**

Beim ersten Kontakt mit den Helfenden des Projektes „Physik für Flüchtlinge" wurde eine hohe fachliche Kompetenz deutlich, da die meisten Beteiligten als Mitglieder in der Deutschen Physikalischen Gesellschaft (DPG) eine physikalische Ausbildung besitzen. Sie sind in der überwiegenden Zahl Physikstudierende, Physikerinnen, Ingenieure oder Physiklehrkräfte und verfügen über komplexes Fachwissen. Oft sind sie jedoch in fachdidaktischen Fragen nicht ausgebildet. Ein verstärkter Bedarf an pädagogischem und fachdidaktischem Input mit klarem Bezug zur Arbeit mit Kindern in schwierigen Lebenslagen wurde also deutlich. Wie kann man naturwissenschaftliche Kenntnisse auf dem basalen Niveau in erlebnisorientierten, experimentellen Zugängen vermitteln? Welche Phänomene und Experimente eignen sich und können relevant sein? Welche Rolle spielt das Erklären und wie weit sollte man dabei gehen? Wie kann man die Kinder selbstständig Gesetzmäßigkeiten und Prinzipien entdecken lassen? Wie sollten Aufgabenstellungen formuliert sein? Wie kann man methodisch die Sprachbarrieren überwinden und sogar Sprachförderung betreiben?

Die Lehrkräfte im Projekt „Physik für Straßenkinder" sind im Gegensatz dazu Studierende des Lehramts, für die die Teilnahme am Projekt in Form eines Praktikums zu einer frühen Phase der Lehrerbildung vorgesehen ist. Zudem ist die naturwissenschaftliche Ausbildung in der Sekundarstufe in Kolumbien deutlich theoretischer und im Umfang begrenzter als in Deutschland. In Kolumbien setzen sich die beteiligten Studierenden vor allem mit der Problematik der Straßenkinder auseinander. Die fachlich-fachdidaktischen Kompetenzen (in unserem Fall bezogen auf das Lehren und Lernen von Physik und Naturwissenschaften) sind jedoch nur ansatzweise ausgebildet. Hier müssen die Lehrkräfte fachlichen und fachdidaktischen Input bekommen, durch den sie selbst das notwendige Wissen erwerben und forschend-entdeckend experimentieren können.

- **Aspekt 3**
- ■■ **Die Lehrkräfte organisieren und begleiten Lernprozesse der Kinder in schwierigen Lebenslagen**

Im Projekt „Physik für Straßenkinder" sind die Lehrkräfte eingebunden in das große Projekt „Schule für Straßenkinder". Professionell begleitet absolvieren sie gemeinsam Praktika und Seminare und entwickeln eigene Lehr-Lern-Angebote für Kinder in schwierigen Lebenslagen, die sie reflektieren und evaluieren. Sie tauschen sich regelmäßig aus und gestalten und beobachten gemeinsam Lernprozesse der Kinder. Sie kennen also die Besonderheiten dieser Kinder und Jugendlichen sehr genau und können deren kognitiven und emotionalen Möglichkeiten gut einschätzen und verfolgen.

Im Projekt „Physik für Flüchtlinge" ist das schwieriger. Die Lehrkräfte haben hier oft mit Gruppen von Kindern zu tun, die nicht lange beieinander bleiben. Die Gruppenzusammensetzungen wechseln also. In diesem Fall ist es schwierig, längerfristige Lernprozesse zu gestalten und zu begleiten. Oft ist es nur möglich, für die naturwissenschaftlichen Themen zu interessieren, in der Hoffnung, dass die Flüchtlingskinder auf ihrem weiteren Lebens- und Bildungsweg motiviert sind, sich weiter damit zu beschäftigen.

- **Aspekt 4**
- ■ ■ **Die Lehrkräfte denken systematisch über ihre Arbeit mit den Kindern in schwierigen Lebenslagen nach und lernen aus eigener Erfahrung**

Dieser Aspekt spricht für sich. Wir können nur empfehlen, im Zusammenhang mit der pädagogischen Arbeit mit Kindern in schwierigen Lebenslagen die Ziele der Arbeit (Motivation für die Auseinandersetzung mit Naturphänomenen, experimentelle Erfahrungen sammeln, Beobachtungen kommunizieren, erste Erklärungen suchen und formulieren, Wissen anwenden, …) ständig im Auge zu behalten und von allen Schwierigkeiten und Herausforderungen zu lernen. Die Herausforderungen sind im Detail derart komplex, dass nicht zu erwarten ist, dass einfache Handlungsrezepte für die Arbeit mit Kindern in schwierigen Lebenslagen ausreichen. Die Gruppe ist viel zu heterogen.

- **Aspekt 5**
- ■ ■ **Die Lehrkräfte sind Mitglieder einer „learning community"**

Nur über die kontinuierliche Arbeit an der eigenen individuellen Arbeit mit Kindern in schwierigen Lebenslagen kann Professionalität erreicht werden. Im Falle des Projektes „Schule für Straßenkinder" ist dies gegeben. Für die „Physik für Flüchtlinge" empfehlen wir die Einrichtung von Erfahrungsgruppen und Foren, die es erlauben, mit anderen Akteuren im Feld die Arbeit zu reflektieren und gemeinsam zu optimieren. Ein kontinuierlicher Erfahrungsaustausch zwischen den Akteuren ist hier besonders hilfreich.

Literatur

Corso, S. (2001). *Kognitive Leistungen in kulturellen Kontexten des Lernens. Untersuchungen über kognitive Leistungen von Straßenkindern mit geringer Schulerfahrung in Brasilien* (S. 158–159). München: Utz.

Heyse, V., & Erpenbeck, J. (2004). *Kompetenztraining: 64 Informations- und Trainingsprogramme* (1. Aufl.). Stuttgart: Schäffer-Poeschel.

Klieme, E., & Leutner, D. (2006). Kompetenzmodelle zur Erfassung individueller Lernergebnisse und zur Bilanzierung von Bildungsprozessen. Beschreibung eines neu eingerichteten Schwerpunktprogrammes der DFG. *Zeitschrift für Pädagogik, 52*(6), 876–903.

NBPTS. (2016). What teachers should know and be able to do. ► http://www.nbpts.org/standards-five-core-propositions/. Zugegriffen: 26. Febr. 2018.

Shulman, L. S. (1986). Those who understand: Knowledge growth in teaching. *Educational Researcher, 15,* 4–14.

Shulman, L. S. (1987). Knowledge and teaching. Foundations of the new reform. *Harvard Educational Review, 57,* 1–21.

Weber, H. (2012). Der Straßenkinderreport. Zur Lage der Kinder in der Welt. ► http://www.strassenkinderreport.de/startseite.php. Zugegriffen: 17. Febr. 2018.

Weinert, F. E. (2001). Vergleichende Leistungsmessung in Schulen – Eine umstrittene Selbstverständlichkeit. In F. E. Weinert (Hrsg.), *Leistungsmessungen in Schulen* (S. 17–31). Weinheim: Beltz.

Physik für Straßenkinder in Kolumbien: Entwicklung und Erprobung von Bildungsangeboten

5.1   Erste Begegnungen – 42

5.2   Drei methodische Zugänge – 43

5.2.1   Methode 1: Physikkurs – Unterrichtsvorbereitung – Unterricht
für Straßenkinder – Unterrichtsreflexion – 43

5.2.2   Methode 2: Unterrichtsvorbereitung – Unterricht für
Straßenkinder – Unterrichtsreflexion – 51

5.2.3   Methode 3: Erarbeitung und Durchführung eines
naturwissenschaftlichen Erlebnistages für Straßenkinder – 58

© Springer-Verlag GmbH Deutschland, ein Teil von Springer Nature 2018
M. Welzel-Breuer, E. Breuer, *Physik (nicht nur) für Straßenkinder*,
https://doi.org/10.1007/978-3-662-57663-2_5

5.1 **Erste Begegnungen**

Das Projekt „Physik für Straßenkinder" begann im Jahre 2001. Wir unternahmen in einer kleinen Gruppe einen ersten Erkundungsbesuch in Kolumbien. Es war gleichzeitig die Gründungsfahrt des Projekts „Patio 13 – Schule für Straßenkinder".

Die Reise ermöglichte Gespräche mit Vertretern der Escuela Normal Superior María Auxiliadora in Copacabana und unter anderem Besuche verschiedener Einrichtungen für Straßenkinder in Medellín und Cartagena. Hier erlebten wir erstmalig Straßenkinder auf der Straße und im Schutz des Patio. Wir trafen Menschen, die sich um das Wohl und die Bildung dieser Kinder bemühen und uns von der Arbeit und ihren Erfahrungen mit diesen Kindern berichteten.

An der Escuela Normal haben wir zudem mit 30 kolumbianischen Schülerinnen einen ersten Versuch unternommen, experimentelle und forschungsorientierte naturwissenschaftliche Angebote in der für uns fremden Umgebung zu realisieren. Unter anderem haben wir gemeinsam mit ihnen mit Hilfe einer Kältemischung, bestehend aus zerstoßenem Eis und Kochsalz, Eiscreme hergestellt und dabei die Phänomene der Temperaturabsenkung und des Wärmetransports diskutiert. Die beteiligten Schülerinnen mischten Eis und Salz, rührten die Milchcreme in Metallschüsselchen, die in der Kältemischung ruhten, und beobachteten die Temperatur der Kältemischung und der Eiscreme. Für die Schülerinnen überraschend kühlte sich alles auf unter –20 °C ab. Die Eiscreme erstarrte nach und nach und schmeckte sehr gut. Bei diesem gemeinsamen Experiment wurde deutlich, dass der handlungsaktive Zugang für die Schülerinnen und Schüler neu und sehr motivierend war. Er brachte sie dazu, über die beobachteten Phänomene nachzudenken, Fragen zu stellen und nach Antworten zu suchen und auf diesem Wege für sie neue naturwissenschaftliche Kenntnisse zu erwerben.

In einem Patio in Medellín führten wir mit Straßenkindern ein erstes naturwissenschaftsnahes Spiel durch: Kleine Dampfboote aus Blech wurden mit brennenden Kerzen versehen, zu Wasser gelassen und beobachtet. Nach kurzer Zeit setzten sie sich knatternd in Bewegung. Natürlich war die Überraschung groß und die Jungen begannen, sich die Boote genauer anzusehen. Die große Begeisterung der Kinder an diesem spielerischen Experiment mit knatternden Dampfbooten bestärkte uns in der Auffassung, dass man über den experimentellen, erlebnisorientierten und forschenden Zugang tatsächlich näher an naturwissenschaftliche Inhalte kommen kann, ohne das Interesse der Kinder an einer Beschäftigung mit naturwissenschaftlichen Phänomenen zu verlieren.

Nach dieser Einstiegsreise sind wir zwischen 2001 und 2017 neunmal im Rahmen des Projekts „Patio 13 – Schule für Straßenkinder" in Copacabana bei Medellín tätig gewesen. Die ersten sechs Aufenthalte beliefen sich auf jeweils zwei Wochen, während wir im Jahr 2012 die Gelegenheit eines Sabbatjahres beziehungsweise Forschungssemesters für einen siebenwöchigen Aufenthalt nutzen konnten. 2015 und 2017 waren es noch einmal zwei und drei Wochen. Ziel aller Aufenthalte war es, gemeinsam mit Studierenden der Escuela Normal Superior María Auxiliadora möglichst nachhaltig sinnvolle Bildungsangebote für Straßenkinder im Bereich der Naturwissenschaften (mit Schwerpunkt Physik) zu entwickeln und zu erproben. Die Entwicklung der Bildungsangebote sollte also ausdrücklich mit der pädagogisch-didaktischen Ausbildung der Studierenden vor Ort verknüpft werden, die auf dem Weg sind, Lehrkräfte zu werden. Dabei sehen wir die Studierenden als Experten für die Arbeit mit Straßenkindern und uns selbst als Experten für die naturwissenschaftlichen Inhalte und Unterrichtsmethoden.

5.2 Drei methodische Zugänge

Bei jedem Besuch stand für uns im Vordergrund, die Studentinnen und Studenten der Escuela Normal mit experimentellem, erlebnis- und forschungsorientiertem Zugang an naturwissenschaftliche Phänomene und Fragestellungen heranzuführen und gemeinsam zu überlegen, inwieweit diese Ideen für die Bildungsarbeit mit Straßenkindern geeignet sind. In allen Jahrgängen beobachteten wir, dass die Studentinnen und Studenten selbst wenig praktische Übung in experimentellen Zugängen zu den Naturwissenschaften mitbringen und nur wenige Naturphänomene kennen, beschreiben und erklären können. Das Bildungssystem und die Lehrpläne in Kolumbien sind bisher darauf nicht ausgerichtet. Wir konnten aber immer mit Gruppen arbeiten, in denen die meisten Studentinnen und Studenten bereits vielfältige Erfahrungen im Unterrichten von Straßenkindern hatten, allerdings nicht im Bereich der Naturwissenschaften, sondern z. B. im Lesen und Schreiben und in Mathematik. So bestand unsere grundsätzliche Haltung darin, die Studentinnen und Studenten als gleichberechtigte Projektpartner und kompetent im Umgang mit den kulturellen Gegebenheiten Kolumbiens allgemein und im Umgang mit Straßenkindern im Speziellen zu sehen.

Unsere naturwissenschaftlichen und fachdidaktischen Vorstellungen sollten über die Diskussion mit den Studierenden an die Möglichkeiten und Bedürfnisse sowie die Verhaltensweisen und Sicherheitserfordernisse im Umgang mit Straßenkindern angepasst werden. Die Studierenden können in der Regel auf Grundlage ihrer Vorerfahrungen viel besser als wir einschätzen, welche Werkzeuge in der Hand der Kinder angemessen sind und welche im Land erhältliche Klebersorte sich z. B. nicht zum Schnüffeln und daher besser zum Basteln eignet.

Im Laufe unserer Besuche haben sich drei grundsätzlich verschiedene methodische Vorgehensweisen entwickelt, Physik für Straßenkinder im Rahmen eines Spektrums von Bildungsangeboten lokaler Lehrkräfte (hier Studierender des Lehramts) zu implementieren. Diese drei Möglichkeiten haben sich für die internationale und interdisziplinäre Zusammenarbeit auf Augenhöhe bewährt. Die Eigenschaften der drei Zugänge stellen wir im Folgenden, in Form eines Kurz-Leitfadens, nacheinander dar. Anschließend beschreiben wir jeweils, wie es uns mit diesen Methoden in der Praxis ergangen ist.

5.2.1 Methode 1: Physikkurs – Unterrichtsvorbereitung – Unterricht für Straßenkinder – Unterrichtsreflexion

- **Ablauf**
- **Physikkurs**

Die Studierenden werden zunächst über einige Stunden im Rahmen eines Intensivkurses zu einem ausgewählten naturwissenschaftlichen Thema unterrichtet. Das Thema wird vorher vereinbart und sollte im Zusammenhang mit den Bildungsbedürfnissen des Landes stehen. In der ◙ Abb. 5.1 sind Studierende beispielsweise dabei, optische Phänomene zur Farbmischung zu untersuchen. Sie sind hier zum ersten Mal selbst experimentierend bei der Sache und können innerhalb der Gruppe, mit dem gesamten Kurs und der Kursleitung die Phänomene und Experimente fachlich besprechen.

5

◘ Abb. 5.1   Im Physikkurs erkunden die Studierenden optische Phänomene selbst aktiv

Für den Intensivkurs wird also, wie auch für den später mit Straßenkindern durchzuführenden Unterricht, ein experimenteller und erlebnis- und forschungsorientierter Ansatz gewählt, mit dem aus dem Schulunterricht oder dem Alltag bereits bekannte Konzepte wieder aufgegriffen und vertieft gelernt werden können. Der Umgang mit Experimentiermaterial an sich ist selbst ein wichtiger Vermittlungsgegenstand, da er den Studierenden, die an solchen Projekten teilnehmen, in der Regel wenig vertraut ist.

Beim Experimentieren erleben und reflektieren die Studierenden ihre eigenen Erkenntniswege und stellen idealerweise Beziehungen zu ihrem fachlichen Vorwissen her. Arbeitsblätter, wie z. B. in ◘ Abb. 5.2 im Ausschnitt zu sehen ist, können helfen, naturwissenschaftliches Vorgehen beim Lösen von Aufgaben und Problemen zu üben und das Wissen systematisch zu vertiefen. Gut vorbereitete Arbeitsblätter können ganz besonders bei Sprachschwierigkeiten die Vermittlung unterstützen.

▪▪ Unterrichtsvorbereitung

Im Anschluss an den Intensivkurs bereiten die Studierenden eigene Unterrichtsstunden für Straßenkinder zum selben Thema vor. Sie bringen ihre eigenen Experimentiererfahrungen ein und verknüpfen diese mit ihren Erfahrungen im Umgang mit Straßenkindern. Hierbei werden sie fachlich und fachdidaktisch von der Kursleitung und der gesamten Gruppe beraten. Der thematische Rahmen ist durch den vorher erteilten Physikkurs vorgegeben, die hier eingebrachten Experimentiermaterialien stehen zur Verfügung, können jedoch ergänzt werden. Im Idealfall entsteht so eine kleine Sequenz von aufeinander aufbauenden Unterrichtsstunden für

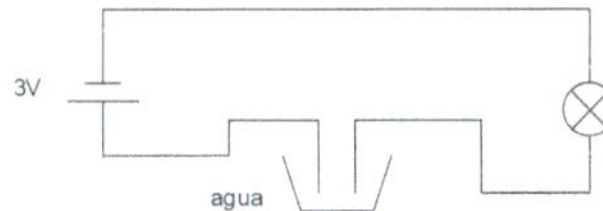

2 Agua: ¿Conductor o aislante?

A) Prueben, si el agua es un conductor o un aislante. Empiezen con el agua cotidiana, que se encuentra en la cocina o en el baño. Después agreguen sal al agua.

B) Repitan el experimento con agua cotidiana utilizando un diodo de luz en lugar de la bombilla. ¿Qué observan? ¿Pueden explicar?

◘ Abb. 5.2 Ausschnitt aus einem Arbeitsblatt zu elektrischen Stromkreisen in spanischer Sprache

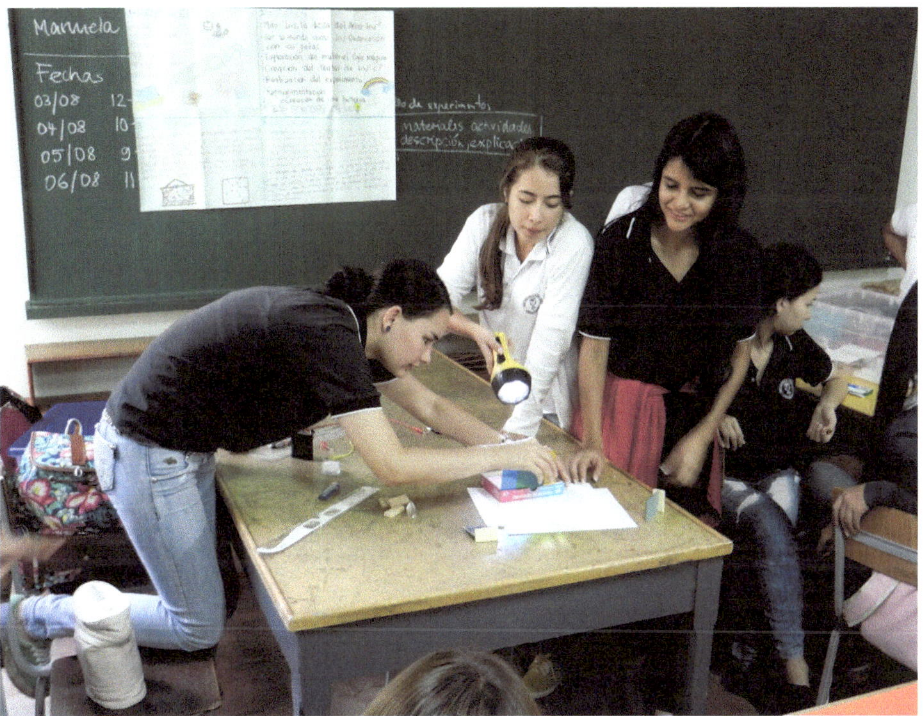

◘ Abb. 5.3 Die Unterrichtsplanung wird im Seminar vorgestellt

Straßenkinder, die von Kleingruppen Studierender selbst unterrichtet werden können. Um die Ideen miteinander auch fachdidaktisch und fachlich beraten und reflektieren zu können, werden die Ideen zur Unterrichtsplanung im Plenum vorgestellt (siehe ◘ Abb. 5.3).

▪▪ Unterricht für Straßenkinder

Die Studierenden erteilen ihren Unterricht in der authentischen Lernumgebung eines Straßenkinderprojektes. In der ◘ Abb. 5.4 sehen wir sie z. B. in einem Hausaufgang mitten in der Stadt Medellín. Die Unterrichtsstunden werden dabei von der

5

Kursleitung und jeweils einer Gruppe von Studierenden beobachtet. Unterrichtsvideos werden aufgenommen und Aktivitäten der Straßenkinder im Unterricht werden fotografiert. Damit steht wichtiges Datenmaterial für den nächsten Schritt zur Verfügung.

▪▪ Unterrichtsreflexion

Der Unterricht wird jeweils nach den Stunden im Rahmen der nächsten Seminarveranstaltungen reflektiert. Die Reflexion sollte fragengeleitet stattfinden, damit die anschließende Diskussion strukturiert ablaufen kann. Insbesondere die Analyse der Reaktionen der Straßenkinder auf die Angebote der Studierenden steht unter Zuhilfenahme der Beobachtungsprotokolle, Fotografien und Videos im Mittelpunkt. Aus diesen Reflexionen werden didaktische und pädagogische Schlussfolgerungen für die weitere Arbeit und die folgenden Unterrichtsstunden mit den Straßenkindern abgeleitet und festgehalten (◼ Abb. 5.5).

▪▪ Zeitlicher Rahmen

Diese Methode lässt sich parallel zum normalen Ausbildungsalltag der Studierenden als Intensivkurs organisieren. Der zeitliche Aufwand kann je nach Umfang und Tiefe des Kurses und der Inhalte einen Zeitraum von mindestens zwei bis sechs Wochen umfassen. Die Anwendungs- und Reflexionsphasen können bzw. sollten optimalerweise miteinander verschränkt werden. So lässt sich der Kurs als Prozess gestalten, in dem die Praxis ständig verbessert wird. Ist eine geschulte Lehrkraft dauerhaft vor

◨ Abb. 5.5   Die Umsetzung von Unterricht mit Straßenkindern wird gemeinsam reflektiert

Ort vorhanden, kann diese Methode gut im Rahmen eines Lehramtsstudiums in beschriebener Weise angeboten werden.

▪▪ Die Methode 1 in der Praxis

Da die erste Methode einen relativ langen Vorlauf mit einem eigenen Physikkurs für die Studentinnen und Studenten besitzt, blieb bei unseren ersten zwei Projekten, in denen wir nach dieser Methode vorgegangen sind, wenig Zeit für den Unterricht mit den Straßenkindern. Insgesamt standen uns nur zwei Wochen in Copacabana zur Verfügung. Wir mussten uns hinsichtlich des Praxisteils auf die ersten Umsetzungen beschränken. Das Ideal einer Aufeinanderfolge mehrerer zusammenhängender Unterrichtsstunden für Straßenkinder ließ sich so kaum realisieren. Es blieb bei einzelnen Interventionen in Einrichtungen für Straßenkinder, die dennoch sicher einen Wert für die Studenten und Studentinnen und die Straßenkinder hatten, die mit großer Begeisterung mit dem angebotenen Material experimentiert haben. Bei diesen Kurzprojekten, die wir zum Themenbereich „Elektrische Stromkreise, Magnetismus, Elektromagnetismus" organisiert haben, erhielten die Studentinnen und Studenten Einblicke in das physikalische Experimentieren, und sie haben darüber sicherlich ihre Kenntnisse über physikalische Grundlagen vertieft und erste Erfahrungen darin gesammelt, wie man naturwissenschaftlich mit Straßenkindern arbeiten kann. Für die Straßenkinder waren es unverkennbar hochinteressante Erlebnisse, und man kann sich vorstellen, dass sie bei Einzelnen Spuren hinterlassen haben.

Anschließend an diese ersten Erfahrungen haben wir im Jahr 2012 ein Projekt gemäß der ersten Methode über einen längeren Zeitraum angelegt. Die Zielstellung war hier, nach dem Physikkurs und der darauf folgenden Unterrichtsvorbereitung noch genügend Zeit für fünf aufeinander aufbauende Unterrichtsstunden für Straßenkinder und eine Vergleichsgruppe zu haben. Der insgesamt für dieses Projekt benötigte Zeitraum betrug sieben Wochen. Im Folgenden stellen wir beispielhaft den genaueren Ablauf unseres Projektes im Jahr 2012 dar.

▪▪ Elektrizitätslehre für Straßenkinder in Kolumbien im Jahr 2012

Als Themenbereich für den Physikkurs und dann auch für den Unterricht mit den Straßenkindern hatten wir die Elektrizitätslehre und ein wenig Elektromagnetismus ausgewählt.

Für den Beginn des Projektes hatten wir uns drei Tage Zeit genommen, um Experimentiermaterial zu beschaffen. Hatten wir bei unseren Aufenthalten zuvor immer viel Material aus Deutschland mitgebracht, sollte bei diesem Besuch alles vor Ort eingekauft werden. Da wir uns in der Gegend bereits auskannten, war in etwa klar, wo was zu besorgen wäre. So ist es dann auch bei zukünftigem Gebrauch leichter, bei Verschleiß, Verbrauch usw. für Ersatz zu sorgen.

Multimeter, verschiedenes Werkzeug, Glühlampen mit Fassungen und Kabelmaterial waren schon vor unserem Aufenthalt von unserer Partnerschule, der ENSMA, auf unseren Wunsch angeschafft worden. Wir machten uns nun noch auf die Suche nach Leuchtdioden, elektrischen Widerständen, Batterien, Batteriehaltern, „Elektroden" (Stricknadeln oder Nägel) für Versuche zur Leitfähigkeit von Wasser, Draht zum Herstellen von Elektromagneten, Tastschaltern, Kompassen und Magneten. Es war alles zu haben und meist zu günstigeren Preisen als in Deutschland.

In den verbleibenden sechseinhalb Wochen fuhren wir zunächst mit einem Intensivkurs von vier Doppelstunden zur Elektrizitätslehre für insgesamt 15 Lehramtsstudentinnen der ENSMA fort. Die Studierenden beschäftigten sich mit einfachen Stromkreisen, Leitern und Nichtleitern (siehe ◘ Abb. 5.6), Schaltungen mit mehreren Glühlampen bzw. LEDs und mit Schaltern sowie mit der Funktionsweise und Anwendung von Elektromagneten. Es wurde aufgebaut, beobachtet, gemessen, protokolliert und diskutiert.

Danach ging es in die Phase der Vorbereitung der Unterrichtsbesuche in einer Schule für Kinder in schwierigen Lebenslagen (Las Granjas Infantiles) und mit Straßenkindern, die für die Unterrichtsangebote in die ENSMA kamen. Zu dieser Zeit waren wöchentliche Besuche von Straßenkindern in der ENSMA die Regel.

Im Plenum erarbeiteten wir zunächst gemeinsam die Abfolge der Themen für die fünf geplanten Stunden. Es ergab sich die folgende Liste:

1. Der einfache elektrische Stromkreis
2. Leiter und Nichtleiter
3. Schaltungen mit mehreren Glühlampen
4. Schalter im Stromkreis
5. Elektromagnete

Abb. 5.6 Studierende experimentieren mit einfachen Stromkreisen, Leitern und Nichtleitern

Die Unterrichtsstunden für Straßenkinder und für die Vergleichsgruppe aus der Schule Las Granjas Infantiles wurden dann von den Studierenden in Dreiergruppen vorbereitet. Die Studierenden wählten für den Straßenkinderunterricht vor allem Teile aus unserem Intensivkurs mit dem zugehörigen Material aus, die sie als interessant und geeignet für Straßenkinder einschätzten. Bei der Erarbeitung ihrer Themen und Angebote wurden sie von uns beraten.

Besonders für die Einleitungsphase der Unterrichtsstunden, aber auch im Bereich der Ergebnissicherung haben die Studierenden auch vollständig selbst erarbeitete Stundenabschnitte ergänzt.

Schließlich wurde es ernst, und jede Dreiergruppe unterrichtete jeweils eine Unterrichtsstunde für eine Gruppe Straßenkinder aus Medellín (siehe **Abb. 5.7**) und für eine Vergleichsgruppe der Schule Las Granjas Infantiles in Girardota (siehe **Abb. 5.8**).

Begleitet wurde der Unterricht, wie oben beschrieben, durch ein weiteres Seminar (siehe folgende Tabelle, rechte Spalte), in dem jeweils das Unterrichtskonzept für die nachfolgende Unterrichtsstunde von der vorbereitenden Studierendengruppe vorgestellt und diskutiert sowie der bereits beobachtete Unterricht kommentiert und reflektiert wurde. Über die Reflexion ließen sich kleinere Korrekturen im Vorgehen bzw. im Umgang mit den Besonderheiten der beiden Kindergruppen anbringen.

5

■ **Abb. 5.7**   Eine Studentin unterrichtet Straßenkinder zu einfachen elektrischen Stromkreisen in der ENSMA

■ **Abb. 5.8**   Eine Studentin unterrichtet Kinder aus der Vergleichsgruppe in Las Granjas Infantiles zu einfachen elektrischen Stromkreisen

Woche 1	Woche 2	Wochen 2 bis 6
Intensivkurs für Studierende: „Stromkreise und Elektromagnete"	Erarbeitung der Unterrichtskonzepte für Straßenkinder durch fünf Studierendengruppen	Unterricht für Straßenkinder und Vergleichsgruppe Begleitseminar
4 Doppelstunden	2 Doppelstunden zu Beginn der zweiten Woche	Je 5 Unterrichtsstunden verteilt auf fünf Wochen Parallel dazu 5 Doppelstunden Seminar

■■ **Beobachtungen über fünf Wochen**

Bei diesem Projekt im Jahre 2012 war es uns besonders wichtig zu untersuchen, ob die Kinder auch bei einem Unterricht mehrerer, aufeinander aufbauender Unterrichtsstunden interessiert bei der Sache blieben. Die isolierten Unterrichtsstunden mit vielen für die Kinder neuartigen Experimenten und auch die Erlebnistage der vergangenen Jahre waren immer sehr gut bei den Kindern angekommen. Zu welcher Entwicklung es käme, wenn naturwissenschaftlicher Unterricht eher zur Routine würde, war für uns eine offene Frage. Im Verlauf der von uns in zwei Gruppen beobachteten jeweils fünf Unterrichtsstunden zeigte aber sogar eher eine Steigerung der Experimentierfreude als Ermüdungserscheinungen. Und das, obwohl die Inhalte und die eingesetzten Materialien zumindest in den ersten vier Unterrichtsstunden doch relativ ähnlich waren. Beide Gruppen reagierten positiv und nahmen im Laufe der Unterrichtsangebote immer interessierter und engagierter teil.

Die Steigerung des Interesses kann zum Teil vielleicht auf Verbesserungen der Lernsituation durch pädagogische und didaktische Fortschritte der unterrichtenden Studentinnen und Studenten zurückgeführt werden, die jeweils aus dem Unterricht ihrer Vorgängerinnen und Vorgänger lernen konnten. Unter anderem wurden im Verlauf der Unterrichtsstunden längliche Einleitungen der Stunden durch Geschichten, die eigentlich motivieren sollten, aber eher die Konzentration und erwartungsvolle Spannung in den Gruppen minderten, zurückgedrängt.

Dennoch können wir unseren Beobachtungen sicher entnehmen, dass es im Verlauf mehrerer Unterrichtsstunden zu einem Themenbereich nicht zwangsläufig zu einer Abnahme der Motivation kommt. Das immer wieder zu beobachtende große Interesse der Kinder an experimentellen naturwissenschaftlichen Unterrichtsangeboten ist also nicht auf einmalige, herausragende Ereignisse beschränkt.

5.2.2 Methode 2: Unterrichtsvorbereitung – Unterricht für Straßenkinder – Unterrichtsreflexion

■ **Ablauf**

■■ **Unterrichtsvorbereitung**

Ohne vorlaufenden Physikkurs für die Studierenden wird direkt in die Erarbeitung von Unterrichtsstunden für Straßenkinder eingestiegen. Gruppen von Studierenden erarbeiten einzelne, nicht unbedingt aufeinander aufbauende Stunden bzw. Angebote zu naturwissenschaftlichen Themen. Diese Themen sollen sie möglichst selbst wählen. Falls Ideen hierzu fehlen, steht eine vorbereitete Liste mit möglichen Themen zur

5

◘ Abb. 5.9   Studierende präsentieren ihre Unterrichtsideen zum Thema Akustik im Plenum

Verfügung. Die Beschaffung von Experimentiermaterial liegt größtenteils in der Hand der Studierenden. Einige der Materialien, die vor Ort schwer zu beschaffen sind, werden von den Kursleitern mitgebracht. Bevor die Ideen umgesetzt werden, werden sie im Seminar allen Teilnehmern präsentiert (siehe ◘ Abb. 5.9) und gemeinsam hinsichtlich pädagogischer und fachdidaktischer Kriterien diskutiert.

▪▪ Unterricht für Straßenkinder

Nach der Erarbeitung ihrer Themen führen die Studierenden in Kleingruppen ihren Unterricht mit Straßenkindern in der authentischen Lernumgebung eines Straßenkinderprojektes durch. In der ◘ Abb. 5.10 sehen wir, wie die Kinder z. B. ein Dosentelefon erproben. Die Stunden werden von der Kursleitung beobachtend begleitet. Mit Video und Fotoapparat werden die Aktionen und Reaktionen dokumentiert.

▪▪ Unterrichtsreflexion

Im jeweils an die Unterrichtsstunden anschließenden Seminar wird der Unterricht hinsichtlich der Reaktionen der Straßenkinder auf die konkreten methodisch-didaktischen Umsetzungen ausgewertet. Hierfür stehen Videoaufzeichnungen und Fotos zur Verfügung. Die Reflexionen sollten anhand leitender Fragen strukturiert werden. Außerdem sollten die Studierenden in Kleingruppen ihre Reflexionen schriftlich festhalten.

▪▪ Zeitlicher Rahmen

Konnten sich die Studierenden bei Methode 1 schon im Vorfeld mit der Planung eines Themas befassen, ist der zeitliche Rahmen für die Beschäftigung mit den fachlichen

◖ Abb. 5.10   Das Dosentelefon wird erprobt

Inhalten hier kurz, etwa 1–2 Sitzungen. Dafür bleibt dann mehr Zeit für die didakti-sche Planung, die Umsetzungen und regelmäßige Reflexionen.

▪▪ Die Methode 2 in der Praxis

Die Methode 2 ließ sich für uns während eines zweiwöchigen Aufenthalts leichter anwenden, als die Methode 1, da der Physikkursteil entfällt und gleich mit der Vor-bereitung von Unterricht eingestiegen werden kann. So bleibt mehr Zeit für den Unterricht mit den Straßenkindern bzw. einer Vergleichsgruppe. Aufeinander auf-bauende Stunden lassen sich aber nicht so leicht realisieren, da die Studierenden, mit denen wir zu tun hatten, ohne vorbereitenden Fachkurs kaum in der Kürze der Zeit einen experimentell ausgerichteten, systematisch organisierten und in die Tiefe gehen-den Unterricht realisieren können. Realistischer erschienen deswegen Einzelstunden, die basale naturwissenschaftliche Erfahrungen in ganz unterschiedlichen Bereichen ermöglichen. Um das Potenzial und die Interessen der Studierenden auszuschöpfen, waren wir bei der Anwendung der Methode 2 thematisch sehr offen und haben sie keinesfalls auf „unser" Thema, die Physik, eingeschränkt.

So hatten wir selbst per Email deutlich vor unseren Besuchen in Kolumbien den Kontakt mit den Studierenden aufgenommen. In unserer Vorstellung hätte sich eine Gruppe aus Lehrenden und Studierenden schon vor unserem Eintreffen in Copa-cabana zusammenfinden und sich auf zu unterrichtende Themen verständigen kön-nen. Eine Annäherung an die Unterrichtsplanung, Beschaffung und Erprobung von Materialien hätte uns natürlich sehr gefallen. Etwas direkter könnte man sagen, dass wir eine gute Vorbereitung vor unserer Ankunft für eine wichtige Voraussetzung für das Gelingen unseres Projekts hielten. Aber über eine Distanz von mehr als 10.000 km

5

◘ Abb. 5.11 Unterricht zum Thema Stromkreise wird konzentriert und unter Zuhilfenahme von Literatur selbstständig vorbereitet

kann man sich viel wünschen und man kann alles Mögliche planen -wahrscheinlich waren unsere Erwartungen einfach zu vermessen. So waren wir dreimal, als wir nach der 2. Methode gearbeitet haben (2006, 2008 und 2015), beim ersten Zusammentreffen mit unserer Studierendengruppe zunächst etwas enttäuscht. Da saßen offenbar hochmotivierte, aber völlig unvorbereitet wirkende Studierende. Die Enttäuschung verflog aber in beiden Fällen sehr schnell, als wir feststellten, mit welcher Einsatzbereitschaft und Geschwindigkeit die Studierenden sich dann in die Themenfindung, die Beschaffung von Materialien, die Arbeit damit und schließlich in die Unterrichtsvorbereitung gestürzt haben (siehe ◘ Abb. 5.11).

Im Jahre 2006 entstanden nach Methode 2 Unterrichtsstunden zu den Themen:
- Einfache Stromkreise und Solarzellen
- Auge, Licht, Sehen und Farben
- Spiegel und Kaleidoskope

Im Jahr 2008 wurden die Straßenkinder und eine Vergleichsgruppe in folgenden Themen unterrichtet:
- Magnetismus (siehe ◘ Abb. 5.12)
- Atmung (siehe ◘ Abb. 5.13)
- Zeitmessung

Im Jahre 2010 standen diese Themen auf dem Programm:
- Elektrische Stromkreise
- Schallphänomene und Hören

■ Abb. 5.12 Unterricht zum Magnetismus

■ Abb. 5.13 Unterricht zur Lungenatmung: Ein Modell wird getestet

= Optik
= Kaleidoskope verstehen und bauen (siehe ◨ Abb. 5.14)
= Elektrische Leiter/Nichtleiter und Elektroskope

Im Jahr 2015 ging es auf Wunsch der Lehramtsstudentinnen und -studenten in allen Arbeitsgruppen um das Thema Optik. Die Arbeitsgruppen wählten für ihre kleinen Unterrichtssequenzen folgende Titel:
= Der wundersame Schatten (farbige Schatten, additive Lichtmischung)
= Das Kaleidoskop
= Die Kerze, die nicht verbrennt (Phänomene am halbdurchlässigen Spiegel)
= Wie geht das mit den Farben? (subtraktive Farbmischung, Farbkreisel)
= Die Farben des Lichts – Regenbogen (Spektren)
= Die Energie des Lichts (Experimente mit Solarzellen)

■■ Naturwissenschaften für Straßenkinder in Kolumbien im Jahr 2006

Den Ablauf des Projektes geben wir exemplarisch für das Jahr 2006 wieder: Innerhalb einer Dreifach- und einer Doppelstunde erfolgte die Unterrichtsvorbereitung an zwei aufeinander folgenden Tagen.

Die Studierenden konnten dabei unter anderem auch auf die Materialien zurückgreifen, die wir inzwischen mitgebracht hatten. Wir konnten beobachten, dass insbesondere die Gruppen, die sich mit dem Themenfeld Auge/Optik und mit Spiegeln und Kaleidoskop-Bau beschäftigt haben, weit über die von uns eingebrachten Ideen hinausgegangen sind. Sie haben in der kurzen zur Verfügung stehenden Zeit auch einiges an zusätzlichem Experimentiermaterial herbeigeschafft. Zur Systematisierung

◨ **Abb. 5.14**   Kinder basteln und testen Kaleidoskope

der Arbeit haben wir die Gruppen dazu angehalten, ihre Unterrichtsvorbereitung nach folgendem Schema schriftlich festzuhalten:

- Unterrichtsziele
- Die Straßenkinder sollen lernen…
- Dazu sollen die Kinder folgendes machen…

Von jeder Gruppe erhielten wir daraufhin ein Plakat mit ihren Zielen und geplanten Vorgehensweisen (siehe ◘ Abb. 5.15).

Bereits am dritten Projekttag konnte nach intensiver Arbeit der Studierenden die erste Unterrichtsstunde in der Vergleichsgruppe in Las Granjas Infantiles gehalten werden. Insgesamt wurde schließlich jedes der drei Themen „Einfache Stromkreise und Solarzellen", „Auge, Licht, Sehen und Farben" sowie „Spiegel und Kaleidoskope" jeweils einmal in einer Gruppe von Straßenkindern und in einer Vergleichsgruppe in der Einrichtung Las Granjas Infantiles unterrichtet. Die folgende Tabelle zeigt den Verlauf:

Woche 1	Woche 2
Unterrichtsvorbereitung	Unterricht für Straßenkinder und Vergleichs-gruppe Begleitseminar
1 Dreifachstunde, 1 Doppelstunde	Zweimal 3 Unterrichtsstunden 3 Doppelstunden Seminar

◘ **Abb. 5.15**   Zur Unterstützung der Unterrichtsvorbereitung werden Plakate erstellt

Begleitet wurde der Unterricht durch drei Seminartermine in denen Ausschnitte aus den Videoaufzeichnungen der Unterrichtsstunden analysiert und Konsequenzen für die folgenden Unterrichtsstunden ermittelt wurden.

Die von den Studierenden entwickelten und gehaltenen Unterrichtsstunden kamen ausnahmslos sehr gut bei den Kindern an. Mehrfach war am Schluss die Frage von Kindern zu hören: „Wann kommt ihr wieder?"

Mit elektrischen Stromkreisen haben sich einzelne Kinder quasi unermüdlich beschäftigt. Ganz besonders gut angenommen wurden zudem solche Unterrichtsangebote, bei denen die Kinder etwas Bleibendes für sich basteln konnten, wie zum Beispiel die Sonnenuhren (2008) und die Kaleidoskope (2006 und 2010). Auch das spektakuläre Präparieren von Ochsenaugen, in Deutschland im Gegensatz zu Kolumbien seit der BSE-Krise verboten, war sicherlich für die Kinder (und die Studierenden) eine unvergessliche Erfahrung (2006).

Eine Schwierigkeit, die in einigen Unterrichtsstunden auftauchte, bestand darin, dass die Kinder immer wieder auf erreichbares, aber im Rahmen des Unterrichts an dieser Stelle noch nicht vorgesehenes Material zugriffen. Das Experimentiermaterial übt einen großen Reiz auf die Kinder aus und war auch immer wieder einmal Versuchen dauerhafter Entwendung ausgesetzt. Die Studierenden lernten mit uns, das Experimentiermaterial, welches noch nicht für den Einsatz bestimmt ist, besser möglichst unsichtbar unter Verschluss zu halten. Es sollte immer erst dann zum Vorschein kommen, wenn es im Unterrichtsverlauf wirklich benötigt wird.

5.2.3 Methode 3: Erarbeitung und Durchführung eines naturwissenschaftlichen Erlebnistages für Straßenkinder

▪ **Ablauf**

▪▪ **Vorbereitung von Experimentierstationen im Seminar**

Im Rahmen eines Seminares werden naturwissenschaftliche Experimentierstationen erarbeitet und gestaltet, die für die Durchführung eines Erlebnistages für Straßenkinder geeignet sind. Ein großer Teil der Experimentiermaterialien wird, zusammen mit einer Liste möglicher Themen, von der Seminarleitung eingebracht. So ist es in kürzerer Zeit möglich, sinnvoll zusammenhängende Sequenzen von Experimenten zu realisieren. Die Materialien werden gegebenenfalls zur Realisierung eigener Ideen von den Studierenden ergänzt, Erklärungen werden erarbeitet, ggf. wird Literatur genutzt (siehe ◘ Abb. 5.16).

▪▪ **Beratung in der Gruppe**

Sind die Experimentierideen und -materialien, die Arbeitsaufträge und Erklärungen erarbeitet, folgt deren Vorstellung in der gesamten Studierendengruppe, wie in ◘ Abb. 5.17 zu sehen ist. Hier gibt es ein fachliches und didaktisch-methodisches Feedback, was der Sicherheit der Studierenden dient und die Vorfreude auf den Erlebnistag erhöht.

▪▪ **Der Erlebnistag**

Der Erlebnistag kann auf dem Gelände einer Schule, der Hochschule der Studierenden, aber auch im Straßenkinderprojekt oder auf einem öffentlichen Platz stattfinden,

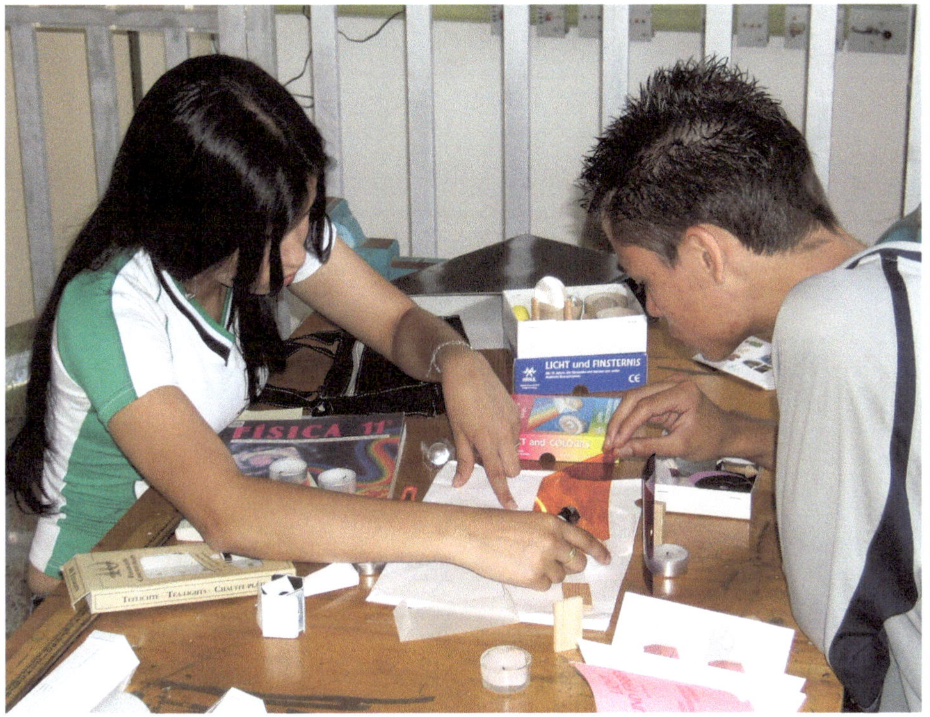

Abb. 5.16 Material und Experimente zum Thema Licht und Farben werden gründlich im Seminar erprobt

der sich dafür eignet. Es ist darauf zu achten, dass genügend Raum für die Gäste und ihre experimentellen Aktivitäten vorhanden ist. Selbstverständlich ist auf die Anforderungen der einzelnen Experimentierideen hinsichtlich Energieversorgung, Helligkeit, Wasser zu achten. Für Experimente mit Solarzellen, wie z. B. in **Abb. 5.18**, ist ein Tisch für die Materialien sinnvoll, der teilweise im Sonnenlicht stehen muss und gut von den Kindern eingesehen werden kann. Im Sonnenlicht sind die Solarzellen zu positionieren, im Schattenbereich die Propeller oder ggf. Glühlämpchen, die man zum Leuchten bringen möchte.

Zum eigentlichen Erlebnistag werden Straßenkinder aus unterschiedlichen Institutionen bzw. Straßenkinderprojekten eingeladen. Die Studierenden bieten an Stationen (ausgestattet mit Tischen bzw. Bänken) ihre interaktiven Experimente, evtl. mit Anleitungen auf Plakaten (siehe **Abb. 5.19**) oder attraktiven Arbeitsblättern, an. Die Gäste bewegen sich von Station zu Station. Die Studierenden betreuen die Stände, während die Straßenkinder experimentieren. Sie helfen ihnen, sprechen mit ihnen und regen zu weiteren Versuchen und Überlegungen an.

■■ Reflexion

Im Anschluss erfolgt im Rahmen eines Seminars die Reflexion des Erlebnistages anhand von Erfahrungsberichten und Fotografien.

5

❏ Abb. 5.17   Ein Student demonstriert und erklärt den anderen Gruppen seine Experimentierideen

▪▪ Zeitlicher Rahmen

Je nach Umfang des geplanten Erlebnistages und nach der Größe der Gruppe von Studierenden lässt sich diese Methode bei guter Planung innerhalb von zwei Wochen umsetzen. Die Arbeitsgruppen müssten sich aber fast täglich treffen. Besonders wichtig ist, dass die Erlebnisstationen sehr eng begrenzte Themen beinhalten und visuell ansprechend aufbereitet sind.

▪▪ Die Methode 3 in der Praxis

Für uns war die 3. Methode, bei der eine interaktive Ausstellung, ein naturwissenschaftlicher Erlebnistag für Straßenkinder das Endprodukt ist, das Ergebnis eines Zufalls: 2003 arbeiteten wir zunächst nach der ersten Methode. In diesem Jahr fand jedoch parallel zu unserem Aufenthalt in der Escuela Normal Superior der ASONEN-Kongress statt – ein Kongress, zu dem Vertreter sämtlicher Schulen gleichen Typs (zu dieser Zeit 136 in ganz Kolumbien) eingeladen waren. Insgesamt nahmen ungefähr 200 Schülerinnen und Schüler sowie ca. 150 Lehrkräfte aus Schulen des ganzen Landes teil. So kam es zu der spontanen Idee, auch die Kongressteilnehmer von unserem Projekt profitieren zu lassen. Mit der 21 köpfigen Studierendengruppe, mit der wir 2003 arbeiteten, haben wir daher in der zweiten Phase unseres Aufenthaltes 15 interaktive Lernstationen mit Experimenten zur Elektrizitätslehre und zur Optik entwickelt und anschließend auf dem ASONEN-Kongress unter der Betreuung der Studierenden angeboten. Dazu haben die Studierenden selbst Arbeitsaufträge

Abb. 5.18   Im Sonnenlicht beobachten Kinder unter Anleitung einer Studentin die Wirkung von Solarzellen

formuliert, auf Plakaten festgehalten und überlegt, wie sie die Kongressteilnehmer zum Experimentieren anregen können. Aus dem großen Erfolg der interaktiven Ausstellung entstand die Idee, bei unserem nächsten Projektaufenthalt die Entwicklung eines entsprechenden Erlebnistages mit Experimentierstationen zu naturwissenschaftlich-mathematischen Themen in den Mittelpunkt zu stellen und zum Erlebnistag sowohl Schülerinnen und Schüler umliegender Schulen als auch Straßenkinder aus verschiedenen Institutionen einzuladen. Diese Idee wurde dann 2005 entsprechend umgesetzt: Von einer großen Studierendengruppe, bestehend aus 28 Teilnehmern, und einem kleinen Team von studentischen Koordinatoren, die bereits vorher mit uns gearbeitet hatten, wurde innerhalb einer Woche intensiver Arbeit eine Ausstellung vorbereitet, die sich über das gesamte Schulgelände in Form eines Festtages ausbreitete.

Von Beginn an gab es bei den Gruppenmitgliedern deutliche Präferenzen für bestimmte naturwissenschaftliche Themen. Im Laufe der ersten Stunden bildeten sich sieben Teilgruppen zu den Themengebieten Stromkreise, Magnetismus, Elektromotoren, Solarzellen, Luft und Wasser, Optik, und Mathematik. Den Gruppen stellten wir zur Aufgabe, zu ihrem Thema jeweils mehrere, möglichst aufeinander aufbauende Experimente für die Ausstellung zu entwickeln.

Es kam viel Experimentiermaterial zum Einsatz, welches wir einerseits bei unseren vorangegangenen Aufenthalten nach Kolumbien mitgebracht hatten und andererseits auch eigens für die Ausstellung zusammengestellt hatten. Unter anderem wurden in

5

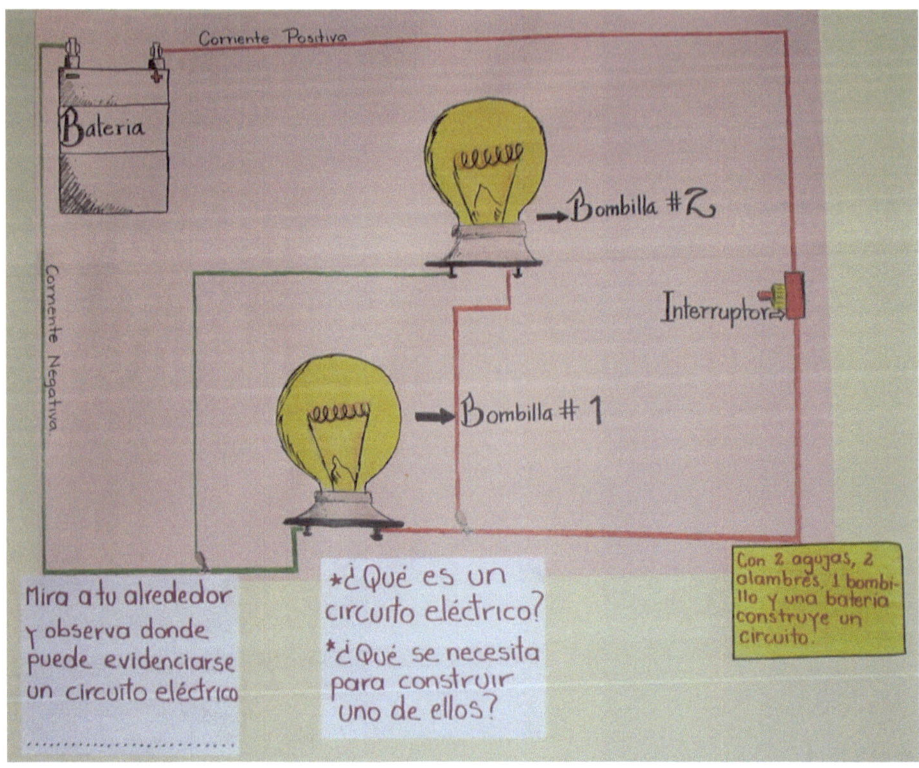

◘ Abb. 5.19   Ein Plakat an der Station zu elektrischen Stromkreisen

einer Projektwoche am Gymnasium Englisches Institut Heidelberg verschiedene Arten von Elektromotoren, Solarmodelle, Klingeln und Fernrohre für diesen Zweck unter Verwendung von Bausätzen hergestellt. Neben den Materialien hatten wir eine Liste von Vorschlägen für Experimentierstationen vorbereitet.

In der ersten Phase erkundeten die Studentinnen und Studenten unter unserer Anleitung das zur Verfügung stehende Material und waren primär mit Selbstlernen beschäftigt. Im weiteren Verlauf konzentrierten sie sich dann verstärkt auf die Entwicklung von Lernstationen und ergänzten dabei auch das Experimentiermaterial.

Nach einem dynamischen Start gab es in der für die Studierenden neben ihrem Studium sehr terminreichen Vorbereitungsphase Ermüdungserscheinungen, die sich darin äußerten, dass die Studierenden zu spät oder teilweise gar nicht erschienen. Die Lage besserte sich, nachdem das Koordinatorenteam die Studierenden deutlich auf den Ernst der Lage bzw. die unmittelbar bevorstehende Ausstellung mit Öffentlichkeitswirkung hingewiesen hatte. Die Studierenden stellten ihre Experimentreihen vor, ließen sich hinsichtlich der Erklärungen beraten, schrieben und malten Plakate zur Gestaltung ihrer Experimentierstände. Gerade bei der ansprechenden Gestaltung der Ausstellung gaben sich viele Gruppen große Mühe. In ◘ Abb. 5.20 ist ein kleiner Teil dieser Arbeit zu sehen.

Schließlich waren für die Ausstellung fast 40 Experimente, organisiert in sieben Gruppen vorbereitet:

☐ Abb. 5.20 Attraktive Experimentierstationen – hier zu elektrischen Stromkreisen und zum Aufbau und der Wirkungsweise von Glühlampen – sind das Ergebnis motivierter Arbeit

Experimente zu elektrischen Stromkreisen
- Aufbau einer Glühlampe
- Anschluss einer Glühlampe an eine Batterie: ohne Fassung, mit Fassung, mit Kabeln
- Anschluss eines Motorradakkus an Konstantandrahtstrecken abnehmender Länge (Schneiden von Styropor, Glühen, Zerstören durch Glühen)
- Aufbau eines einfachen Stromkreises mit Schalter
- Parallel- und Reihenschaltungen von Glühlampen
- Reihenschaltung aus einer Glühlampe mit zwei parallel geschalteten, lichtabhängigen Widerständen (LDR)
- Experimente zum Leitungsverhalten von Wasser (mit Salz und ohne Salz), jeweils getestet über Stromkreise mit einer Glühlampe und mit einer Leuchtdiode

Experimente mit Magneten und Elektromagneten
- Anziehung und Abstoßung von Permanentmagneten sowie ihr Einfluss auf einen Kompass
- Experiment von Oersted
- Elektromagnete aus um einen Nagel gewickelten Draht

- Verstärkung der magnetischen Wirkung durch mehrere Wicklungsschichten mit jeweils eigenen Batterien
- Anwendung von Elektromagneten am Beispiel der elektromagnetischen Klingel

Experimente zu Elektromotoren

- Manuelles Erzeugen einer Drehbewegung durch rhythmisches Abstoßen von Permanentmagneten, die auf einem Rotationskörper angebracht sind, mit einem schaltbaren Elektromagneten
- Stromkreis mit Glühlampe und Reedkontakt, der mit einem Magneten geschaltet wird
- Reed-Motor
- konventioneller Elektromotor (mit Kommutator)

Experimente zu Optischen Phänomenen

- spiegelverkehrtes Nachzeichnen einer Figur
- Streifenspiegel
- Betrachten von Lichtquellen durch Gitterbrillen
- Abbilden von Kerzenflammen mit Linsen
- Farbmischkreisel
- Zerlegung von Sonnenlicht mit einem Prisma
- verschiedene Typen von Teleskopen

Experimente mit Solarzellen

- Tischlüfter mit Solarzelle wird der Sonne zugewandt (Infos über Anwendungen von Solarzellen)
- Betrieb einer Leuchtdiode mit drei in Reihe geschalteten Solarzellen
- Stromkreis aus zwei Solarzellen mit Ventilator und Schalter darf vom Besucher aufgebaut und getestet werden
- Solarzelle am Strommessgerät: Abschattungsversuche
- Parallel- und Reihenschaltung von Solarzellen: Spannungsmessung

Experimente mit Luft und Wasser

- Platzt ein wassergefüllter Luftballon über einer Kerzenflamme?
- Kann man ein Papierkügelchen in eine Flasche blasen?
- Wettrennen zwischen Luftballons mit unterschiedlicher Füllung: nur Luft, etwas Wasser und Luft, Murmel und Luft
- Umkehr eines wassergefüllten Glases, das mit einem Blatt Papier bedeckt ist
- Flaschenteufel
- Messung des Lungenvolumens durch Wasserverdrängung

Mathematische Experimente

- Bau einer Pyramide aus Polyedern
- Bau einer Pyramide aus Kugelreihen (klein und groß)
- Turm von Hanoi
- Leonardos Brücke

Der Erlebnistag wurde insgesamt ein voller Erfolg. Neben Gruppen von Straßenkindern waren Schülerinnen und Schüler von benachbarten Schulen eingeladen, so dass an den Experimentierstationen jeweils mehrere Stunden lang reger Betrieb herrschte. Die Durchmischung der Schulkinder aus den unterschiedlichen Schulen mit den Straßenkindern erfolgte völlig reibungslos. Die Straßenkinder nahmen das Experimentierangebot an allen Stationen mit großem Interesse an. Mit den ◘ Abb. 5.21, 5.22 und 5.23 lässt sich gut der für uns nachhaltig positive Eindruck vermitteln.

Woche 1	Woche 2
Vorbereitung der Experimentierstationen	Interaktive Ausstellung, Nachbesprechung
7 Dreifachstunden	2 Vormittage Ausstellung

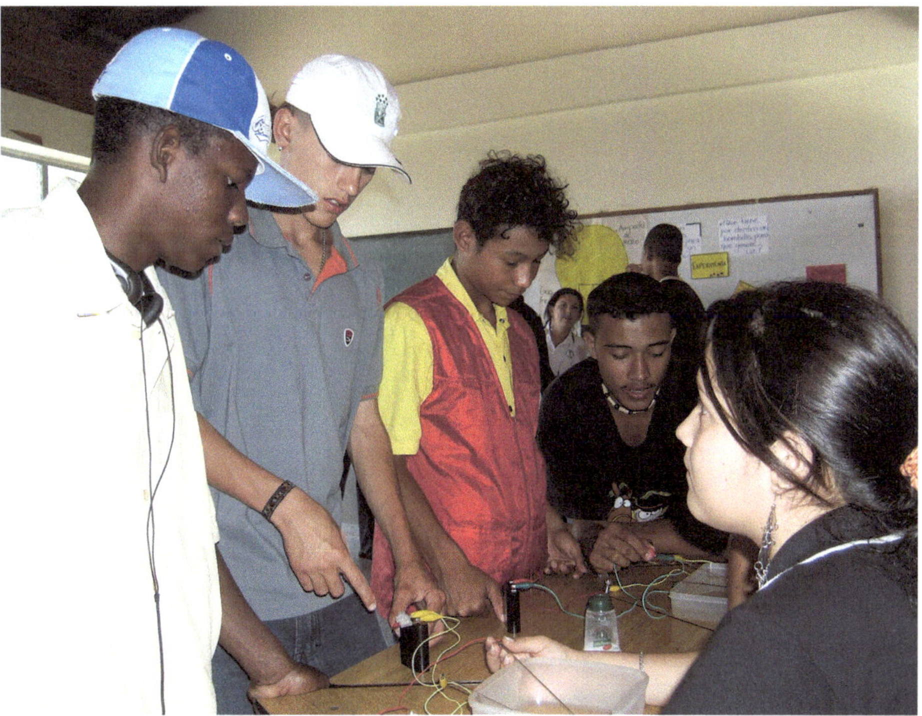

◘ **Abb. 5.21**   Straßenkinder untersuchen am Erlebnistag die Leitfähigkeit von Wasser, eine Studentin moderiert die Experimente

Abb. 5.22   An der Experimentierstation zum Luftdruck wird beobachtet, dass das Wasser aus einem mit Papier bedeckten und umgedrehten Glas nicht ausläuft

Abb. 5.23   An einer Mathematikstation entsteht eine Leonardo-Brücke in gemeinsamer Konstruktionsarbeit, Teamwork ist angesagt

Zusammenfassung und Schlussfolgerungen aus unseren Erfahrungen – Reaktion der Straßenkinder und der Helfer auf die Unterrichtsangebote

© Springer-Verlag GmbH Deutschland, ein Teil von Springer Nature 2018
M. Welzel-Breuer, E. Breuer, *Physik (nicht nur) für Straßenkinder,*
https://doi.org/10.1007/978-3-662-57663-2_6

Im Verlauf der Aufenthalte in Copacabana hatten und haben wir es im Rahmen des Projektes Patio 13 – Schule für Straßenkinder mit sehr unterschiedlichen Gruppen von Straßenkindern zu tun. Das hängt zum einen mit der unterschiedlichen Aufenthaltsdauer der Kinder und Jugendlichen in Institutionen, ihrer Gewöhnung an Unterrichtsformen und natürlich auch mit individuellen Voraussetzungen und persönlichen Schicksalen zusammen. Entsprechend vorsichtig muss man sein, wenn man aus unseren Beobachtungen allgemeine Aussagen über die Möglichkeiten von naturwissenschaftlichem Unterricht für Straßenkinder in Kolumbien oder gar Straßenkinder weltweit treffen möchte.

Im Rahmen unserer Erfahrungen konnte beobachtet werden, dass die Straßenkinder generell sehr gut auf die Möglichkeiten zum Experimentieren mit einfachem Material in unterschiedlichen naturwissenschaftlichen Feldern ansprechen. Dies konnte bei Anwendung aller drei von uns erprobten Methoden festgestellt werden. Schon das Experimentieren mit einem einfachen elektrischen Stromkreis aus einer Batterie, einer Glühlampe und einigen Kabeln oder mit einfachen optischen Experimentiermaterialien fasziniert von Beginn an sogar auf der Straße und fesselt vielfach auch über einen längeren Zeitraum. Wir konnten immer wieder beobachten, dass Straßenkinder sich intensiv mit dem Material beschäftigten, in ◘ Abb. 6.1 beispielsweise mit Glasstäben als Zylinderlinsen. Sie arbeiteten konzentriert über längere Zeiträume (bis zu 30 min) mit dem angebotenen Material, variierten sehr schnell die vorgegebenen Aufgabenstellungen und zeigten sich begeistert über ihre experimentellen Erfolge. Oft fragten sie nach weiteren Aufgaben und Experimenten.

◘ **Abb. 6.1**   Straßenkinder experimentieren hochmotiviert mit Zylinderlinsen

Ganz besonders gut kamen Angebote an, bei denen die Kinder etwas herstellen konnten, das sie behalten durften. Insbesondere nach dem Bau von Kaleidoskopen haben wir gesehen, dass diese auch noch Tage später wie ein Schatz gehütet wurden.

In Unterrichtsversuchen mit zwei unterschiedlichen Gruppen konnten wir beobachten, dass Straßenkinder auch über eine Sequenz mehrerer zusammenhängender Unterrichtsstunden zu einem relativ eng umgrenzten Themengebiet bei experimentellem Arbeiten mit immer wieder ähnlichem Material interessiert bei der Sache bleiben können. Die Aufgabensequenzen und Materialien hatten sie sichtbar interessiert und aktiv arbeiten lassen.

Unterschiedlich reagierten die Straßenkinder auf etwas längliche Unterrichtseinleitungen. Die kolumbianischen Studentinnen und Studenten legten in ihrem Unterricht großen Wert auf die Anknüpfung des Unterrichtsstoffes an Alltagserfahrungen, vielfach wurden auch Geschichten zur Motivation herangezogen. Unruhigere Gruppen reagierten hierauf oft problematisch, zerstreut und waren kaum ruhig zu halten. Manchmal war nur ein Teil der Gruppe in diesen Phasen aufmerksam bei der Sache oder sogar aktiv beteiligt. In anderen Gruppen aber herrschte von Anfang an eine ruhige Atmosphäre, in der auch die Erzählung längerer Geschichten und die anschließende Diskussion darüber sinnvoll erschienen. In jedem Fall kehrte jedoch erhöhte Konzentration ein, sobald es an die Arbeit mit Experimentiermaterial ging.

Das Experimentiermaterial hatte für manche, eher undisziplinierte Gruppen allerdings eine so hohe Attraktivität, dass sich in einigen Fällen einzelne Kinder darüber hermachten, bevor dies in der Unterrichtsplanung vorgesehen war. Die Aufmerksamkeit für das aktuell geplante Unterrichtsgeschehen war dadurch in einigen Fällen deutlich eingeschränkt und für später eingeplante Überraschungseffekte verpufften dann teilweise. Auch wenn es Gruppen gab, die sich trotz zugänglich gelagerten Materials zurückhalten konnten, sollte man generell darauf achten, das Experimentiermaterial möglichst bis zu dem Zeitpunkt zurückzuhalten, zu dem es zum Einsatz kommen soll, und es dann auch je nach Bedarf nur portionsweise freizugeben.

Die Attraktivität der Experimentiermaterialien führte in manchen Gruppen von Straßenkindern auch vermehrt zu Versuchen, Materialien zu stehlen. Hier ist erhöhte Aufmerksamkeit nötig, und in manchen Fällen müssen sicherlich auch Taschen kontrolliert werden, wenn das Material für weiteren Unterricht zur Verfügung stehen soll.

Gruppenarbeit war bei vielen Straßenkindern nicht einfach zu realisieren. Beim Experimentieren zeigten sich in manchen Gruppen Rivalitäten zwischen den einzelnen Gruppenmitgliedern: Jeder wollte über das gesamte Material verfügen und alles selbst tun. Auch wenn es andererseits wieder Fälle gab, in denen kooperatives Arbeiten möglich war, sollte man bei unbekannten Gruppen darauf vorbereitet sein, genug Material für Einzelarbeit bereitstehen zu haben. Da der Betreuungsaufwand dann, insbesondere bei agilen Gruppen, sehr hoch ist, hat es sich bei unserer Arbeit herausgestellt, dass ein Verhältnis von ungefähr drei Kindern bzw. Jugendlichen pro Lehrkraft angemessen ist. Dies entspricht aber auch dem Verhältnis, in dem im Rahmen des Projekts Patio 13 in anderen Fächern ohne den größeren Aufwand durch das Experimentiermaterial mit Straßenkindern gearbeitet wird.

Wie reagierten die Helferinnen und Helfer, also die Studentinnen und Studenten in Kolumbien, auf unsere Ideen und Angebote? Wie kamen sie mit unserem Zugang des forschend-entdeckenden Lernens und mit dem Experimentieren zurecht? Generell zeigte sich, dass sich die Studentinnen und Studenten ausgesprochen interessiert mit den physikalischen Inhalten auseinandergesetzt haben. Der forschend-entdeckende Zugang war für sie selbst überraschend attraktiv, und sie berichteten uns über die erlebten Unterschiede zu ihrem traditionellen Unterricht. Sie genossen es, das Material einzusetzen und physikalische Phänomene empirisch zu untersuchen. Sie begannen, selbst Fragen zu stellen und nach Antworten zu suchen: Sie nutzten Schulhefte mit Aufzeichnungen aus vorangegangenem Physikunterricht, um Hinweise für fachliche Erklärungen zu finden. Sie entdeckten den Nutzen der Schulbibliothek und des Internets, um physikalisches Hintergrundwissen zu erlangen. Wir konnten beobachten, dass sie Experimente und Material variierten. Es entstand eine Zuwendung zu physikalischen Fragestellungen und eine vielversprechende Motivation, mehr in diesem Bereich zu lernen und zu verstehen.

Jedoch zeigte sich, dass die kurze Einführung in die physikalischen und experimentellen Grundlagen nicht wirklich ausreicht, um alle fachlichen Hürden in der Interaktion mit den Straßenkindern meistern zu können. So beobachteten wir, dass z. B. Fehler in einfachen elektrischen Schaltungen nicht erkannt wurden oder beseitigt werden konnten.

Dennoch: Mit ihren neuen Erfahrungen wurden die Studentinnen und Studenten in die Lage versetzt, Straßenkinder für die Phänomene und Experimente zu interessieren und diese zu motivieren, sich mit physikalischen Inhalten zu beschäftigen. Sie erkannten und bestätigten uns, dass der forschend-entdeckende Zugang zum Lernen von Physik auch für Straßenkinder geeignet ist.

Um ihren Unterricht vorzubereiten, nutzten die kolumbianischen Studentinnen und Studenten die von uns angebotenen Materialien und Experimentierideen und entwickelten diese sogar noch weiter. Es war interessant zu beobachten, wie sie die für sie neue Methode des forschend-entdeckenden Lernens mit ihren traditionellen Unterrichtsmethoden verknüpften und z. B. Geschichten oder typische Spiele einbanden und an den zu unterrichtenden Inhalt anpassten.

Insbesondere beim Einsatz von Methode 2 und 3 (vgl. ▶ Abschn. 5.2.2 und 5.2.3) brachten die kolumbianischen Studentinnen und Studenten eine Vielzahl eigener Ideen zu fachlichen Themen, Experimenten und Produkten, die besonders für die Straßenkinder geeignet sind, ein. Sie konstruierten z. B. mit den Straßenkindern Kaleidoskope und Periskope. Sie nutzten Motorradbatterien, um hohe Stromstärken zu erzielen. Sie setzten eigene Themen wie Zeitmessung, Magnetismus, Funktion und Kapazität der Lunge und anderes um.

Mehr als fünfzehn Projektjahre liegen hinter uns. Innerhalb dieser Zeitspanne haben wir mit ca. 150 kolumbianischen Studierenden im Bereich der Physik für Straßenkinder zusammengearbeitet und sehr viel miteinander und voneinander über die verschiedenen Kulturen und Bildungsmöglichkeiten gelernt. Von Beginn an war es uns wichtig, nicht einseitig in eine bestehende Unterrichtskultur einzugreifen, sondern immer gemeinsam in einen konstruktiven Austausch zu kommen. Zahlreiche Studierende der Pädagogischen Hochschule Heidelberg besuchten die Escuela Normal Superior María Auxiliadora und beteiligten sich in Kolumbien an den Bildungsangeboten. Viele kolumbianische Studierende hatten die Möglichkeit, ihr fachliches und fachdidaktisches Wissen im Rahmen eines Studienaufenthaltes an der Pädagogischen Hochschule zu erweitern und zu vertiefen. Dies beförderte den interkulturellen Austausch enorm und ist mit dem Blick auf die erfolgreiche Projektarbeit nicht hoch genug wertzuschätzen. Natürlich muss an der Qualität und der Kontinuität der Kooperation weiter intensiv gearbeitet werden. Wir pflegen unseren Austausch weiter und passen unsere Angebote und Ideen an die sich wandelnden Gegebenheiten und Bedingungen sowie das zunehmende Fachwissen kontinuierlich an.

Oft werden wir gefragt, wie viele Straßenkinder oder Kinder in schwierigen Lebenslagen denn bisher von uns erreicht wurden. Dies können wir nicht sicher einschätzen. Wir wissen aber, dass alle Beteiligten auch über die regelmäßigen Besuche und Projektaufenthalte hinaus, intensiv die erarbeiteten Bildungsangebote auch im Bereich der Physik fortsetzen und im Austausch weiterentwickeln. Die Escuela Normal Superior María Auxiliadora ist inzwischen zu einem Lehrerfortbildungszentrum für die Naturwissenschaften geworden, in dessen Arbeit unter anderem von uns ausgebildete Studierende einbezogen werden. Die Projektarbeit hat also auch auf die normale Ausbildungspraxis ausgestrahlt. Inzwischen stehen naturwissenschaftliche Angebote auch in der Vorschule und in der Primarstufe sowie im außerschulischen Bereich der Escuela Normal Superior María Auxiliadora auf der Tagesordnung.

Experimentierideen zur Physik für Straßenkinder

- **Einführende Hinweise**

In diesem Kapitel stellen wir Experimentierideen für die Bereiche „Elektrische Stromkreise", „Magnetismus und Elektromagnetismus" sowie „Optische Phänomene" vor, die in unserem Projekt „Physik für Straßenkinder" entwickelt, erfolgreich eingesetzt und erprobt wurden. Es handelt sich um ganze Experimentierreihen, die, nacheinander abgearbeitet, systematische Lernprozesse ermöglichen sollten. Auch für den Einsatz im Rahmen der „Physik für Flüchtlinge" waren sie verwendbar und mussten aus unserer Sicht nur geringfügig modifiziert, das heißt didaktisch für die Arbeit mit Flüchtlingskindern angepasst werden. Es ergaben sich zusätzliche Hinweise zu Möglichkeiten der Sprachförderung.

Generell gilt für alle vorgestellten Experimente, dass man sie, bevor sie in Lehr-Lern-Situationen eingesetzt werden, gründlich selbst ausprobieren sollte. Nur wenn man vorher ausgiebig selbst experimentiert hat, kennt man das Problem und kann den Kindern in solchen Fällen in der Lehrsituation helfen. Bei einigen der beschriebenen Experimente sind physikalische Grundkenntnisse empfehlenswert.

Wir starten jedes Thema mit einer Materialliste passend zu den nachfolgend vorgestellten Experimenten. Die Materialien sind vielfach erprobt, einfach, preiswert und gut zu beschaffen – auch in Ländern der Dritten Welt. Die Materialien sind aufeinander abgestimmt.

Die Beschreibung der Experimentierideen haben wir systematisiert: Jedes Experiment hat einen Titel. Darunter starten wir jeweils mit einer Tabelle, in der die Lernziele, Materialien und notwendige Umgebungseigenschaften kurz notiert sind. Auch Möglichkeiten der Sprachförderung, wie wir sie in der Physik für Flüchtlinge empfehlen, sind hier kurz skizziert. Die benötigten Materialien sind jeweils für ein Experiment für eine Person oder Arbeitsgruppe dargestellt.

Der Tabelle folgen zusätzliche Erläuterungen, insbesondere zur praktischen Umsetzung der Lernziele, und immer ein Vorschlag für Aufgabenformulierungen. Manchmal geht es darum, nach Anweisung vorzugehen (Abarbeiten eines Rezepts), meistens sind es aber Aufgaben, die zum selbstständigen Erkunden und zum Denken anregen sollen.

Weitgehend offen gelassen haben wir, in welchem sozialen Kontext die Experimente stattfinden sollen, ob es sich also beispielsweise um Unterrichtssituationen im engeren Sinne oder um spielerische Angebote, z. B. einen naturwissenschaftlichen Erlebnistag in einer Institution, oder um informelle Interventionen handelt. Generell lassen sich aus unserer Sicht alle Experimente in unterschiedlichen Zusammenhängen einsetzen oder darauf anpassen. So sind auch die in den Texten zu findenden Aufgabestellungen nur als Anregungen zu verstehen, die je nach Erfordernis eher verengt oder offener formuliert werden können. Auch eine Anpassung an die Altersstufe und die vorhandenen Vorkenntnisse der Kinder, mit denen gearbeitet werden soll, ist natürlich zu leisten.

Elektrische Stromkreise

7.1   Wie kann man Glühlampen ohne Kabel zum
        Leuchten bringen? – 77

7.2   Stromkreis mit Glühlampe, Kabeln und
        Flachbatterie – 78

7.3   Welche Gegenstände leiten den elektrischen Strom? –
        Leiter und Nichtleiter – 80

7.4   Leiterketten – 82

7.5   Leuchtdiode(n) im Stromkreis – 83

7.6   Leitfähigkeit von Wasser – 85

7.7   Schaltungen mit zwei Glühlampen – 86

7.8   Schaltungen mit mehr als zwei Glühlampen – 89

7.9   Schaltungskombinationen aus Glühlampen und
        Leuchtdioden – 90

7.10   Ein Schalter im Stromkreis – 91

7.11   Stromkreise mit zwei Schaltern und einer
        Glühlampe – 93

7.12   Stromkreise mit mehreren Schaltern und
        Glühlampen – 94

7.13   Mit Solarzellen einen Elektromotor antreiben – 95

7.14   Welchen Strom liefern Solarzellen? – 97

7.15   Solarzellen und Leuchtdioden bzw. Glühlampen – 98

© Springer-Verlag GmbH Deutschland, ein Teil von Springer Nature 2018
M. Welzel-Breuer, E. Breuer, *Physik (nicht nur) für Straßenkinder*,
https://doi.org/10.1007/978-3-662-57663-2_7

In der folgenden Tabelle sind die für die vorgeschlagenen Experimente zum Thema „Elektrische Stromkreise" notwendigen Gegenstände und Materialien in alphabetischer Reihenfolge und mit dem Verweis auf die entsprechenden Experimente aufgelistet.

Gegenstände und Materialien	Einsatz in folgenden Experimenten
Alltagsgegenstände zum Testen der Leitfähigkeit (z. B. Bleistift, Schmuck, Nagel, Brille, Löffel, …)	▶ Abschn. 7.3 und 7.4
Becher oder Schale aus Plastik, transparent, ca. 0,2 l bis 0,5 l Fassungsvermögen	▶ Abschn. 7.6
Drucktaster, Tastschalter	▶ Abschn. 7.10, 7.11 und 7.12
Fassungen für Glühlampen mit E10-Gewinde	▶ Abschn. 7.2, 7.3, 7.4, 7.6, 7.7, 7.8, 7.9, 7.10, 7.11 und 7.12
Flachbatterie 4,5 V oder zwei (3 V) bis drei (4,5 V) in Reihe geschaltete AA-Batterien im Batteriehalter	▶ Abschn. 7.1, 7.2, 7.3, 7.4, 7.5, 7.6, 7.7, 7.8, 7.9, 7.10, 7.11 und 7.12
Glühlampen mit E10-Gewinde, passend zur verwendeten Batterie (etwa 3,5 V/200 mA)	▶ Abschn. 7.1, 7.2, 7.3, 7.4, 7.6, 7.7, 7.8, 7.9, 7.10, 7.11 und 7.12
Kabel mit Krokodilklemmen (Messstrippen)	▶ Abschn. 7.2, 7.3, 7.4, 7.5, 7.6, 7.7, 7.8, 7.9, 7.10, 7.11, 7.12, 7.13, 7.14 und 7.15
Leuchtdioden, grün und rot	▶ Abschn. 7.5, 7.6, 7.9 und 7.15
Multimeter zur Spannungs- und Stromstärkemessung	▶ Abschn. 7.8 und 7.14
Nägel aus Eisen (groß) bzw. Stricknadeln aus Metall	▶ Abschn. 7.6
Papier und Stift für Aufzeichnungen	▶ Abschn. 7.7 und 7.12
Speisesalz	▶ Abschn. 7.6
Solarmotor mit Propeller	▶ Abschn. 7.13
Solarzellen (ca. 1 V/200 mA)	▶ Abschn. 7.13, 7.14 und 7.15
Taschenlampe zum Beleuchten von Solarzellen	▶ Abschn. 7.13
Wasser (Leitungswasser)	▶ Abschn. 7.6
Wasser, destilliertes	▶ Abschn. 7.6
Widerstände als Vorwiderstände für LED-Anschluss an die Batterie (ca. 130 Ω für 4,5 V, ca. 47 Ω für 3 V)	▶ Abschn. 7.5 und 7.9

Erste Experimente mit Batterien, Glühlämpchen und Kabeln, um Grundlagen zum elektrischen Stromkreis zu erarbeiten, liefern schnell Erfolgserlebnisse und machen den Kindern unserer Erfahrung nach sichtbar Spaß (siehe ◘ Abb. 7.1). Hinzu kommt, dass man mit einfachem und preiswertem Material arbeiten kann, welches sich zudem leicht transportieren lässt. Erforderlich für die Unterrichtenden sind jedoch physikalische Vorkenntnisse und hinreichende Erfahrungen im Experimentieren mit den Materialien.

⬛ Abb. 7.1   Kolumbianische Kinder experimentieren mit elektrischen Stromkreisen

Wir stellen eine Reihe von Experimenten ansteigender Komplexität vor. Man kann sie in der angegebenen Reihenfolge logisch einsetzen und so eine Unterrichtsreihe mit Experimenten gestalten, die systematisch aufeinander aufbauen.

7.1 Wie kann man Glühlampen ohne Kabel zum Leuchten bringen?

Lernziele	Geschlossenheit des Stromkreises als Voraussetzung für seine Funktion erkennen; Kontakte einer Batterie, Kontakte einer Glühlampe finden
Material	Glühlampe, Flachbatterie (oder 2–3 AA-Batterien im Batteriehalter)
Umgebung	Beliebiger Raum; im Freien, wenn es schattig ist

Dieses erste Experiment stellt eine besondere Herausforderung dar. Es stehen nur Batterien (siehe z. B. ⬛ Abb. 7.2) und Glühlampen zur Verfügung.

Die Aufgabe dazu kann einfach lauten:

Aufgabe (Erkundung)
Bringe mit dem vorhandenen Material eine Glühlampe zum Leuchten!

7

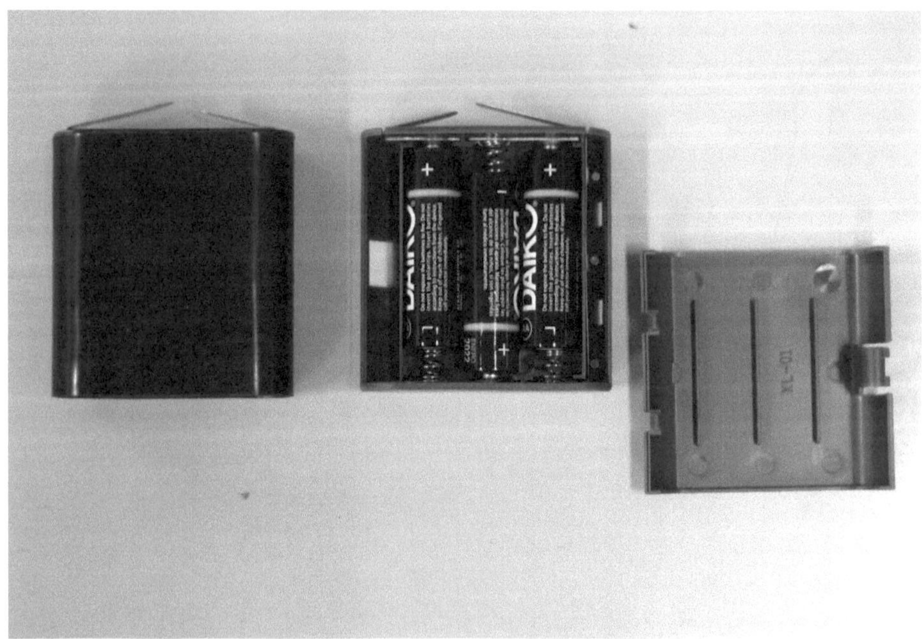

◘ **Abb. 7.2**   Flachbatterie und geöffneter Halter für drei AA-Batterien

Hier sollten sich die Kinder darüber klar werden, dass die Batterie zwei Pole hat, dass die Glühlampe über zwei Kontakte verfügt und dass ein Batteriepol leitend mit dem Fußkontakt und der andere Batteriepol mit dem Seitenkontakt der Lampe verbunden werden muss (siehe ◘ Abb. 7.3). Das Material muss genau betrachtet werden, damit die Funktion der Einzelteile nachvollziehbar ist.

Man kann man zum Beispiel den Fußpunkt der Glühlampe in direkten Kontakt mit dem einen Batteriepol (zum Beispiel mit dem Pluspol) bringen und den anderen Batteriepol mit dem Seitenkontakt der Glühlampe. Die Lampe leuchtet – auch wenn man die Kontakte tauscht.

❶ **Tipp**
Werden AA-Standardbatterien verwendet, braucht man zusätzlich mindestens ein Kabel, das an beiden Enden ab-isoliert werden muss – und eventuell eine „helfende Hand".

7.2 **Stromkreis mit Glühlampe, Kabeln und Flachbatterie**

Lernziele	Geschlossenheit des Stromkreises als Voraussetzung für seine Funktion erkennen und anwenden, Umgang mit Krokodilkabeln üben
Material	Glühlampe mit Fassung, Flachbatterie, 2 Kabel mit Krokodilklemmen
Umgebung	Beliebiger Raum; im Freien, wenn es schattig ist

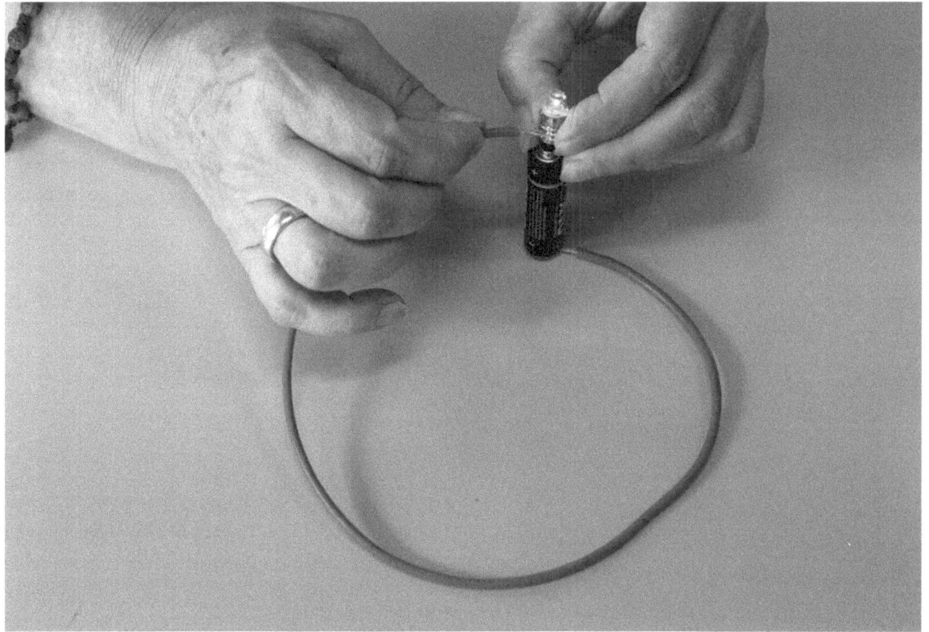

◘ Abb. 7.3   Anschluss einer Glühlampe an eine AA-Batterie

In diesem Experiment soll mit komfortableren Hilfsmitteln eine Glühlampe zum Leuchten gebracht werden. Dreht man die Glühlampen in passende Fassungen, lassen sich diese leicht mit den Kabeln mit Krokodilklemmen und diese wiederum mit den Anschlüssen an der Batterie verbinden. Die Aufgabe dazu könnte lauten:

Aufgabe (Erkundung)
Verwende eine Batterie, Kabel mit Krokodilklemmen und eine Glühlampe in einer Fassung. Bringe die Glühlampe zum Leuchten!

Auch nachdem die Glühlampe wie weiter oben beschrieben schon mit dem einfacheren Material geleuchtet hat, macht der Umgang mit den pfiffigeren Krokodilklemmen den Kindern Spaß. Bezüge zum Lebensalltag werden sichtbar, verfügen doch alle handelsüblichen Leuchtmittel über Sockel, in die sie eingesetzt werden müssen. Die Feinmotorik wird trainiert und die leuchtende Lampe liefert wieder ein Erfolgserlebnis (siehe ◘ Abb. 7.4). Es wird zudem klar, dass die Fassung jeweils eine leitende Verbindung zu den Kontaktpunkten der Glühlampe herstellt.

7

◘ Abb. 7.4   Kinder bringen Glühlampen zum Leuchten

7.3 Welche Gegenstände leiten den elektrischen Strom? – Leiter und Nichtleiter

Lernziele	Systematisches Experimentieren, Leiter und Nichtleiter unterscheiden
Material	Glühlampe mit Fassung, Batterie, 2 Kabel mit Krokodilklemmen, Alltagsgegenstände, insbesondere Bleistift(mine), Holzspatel, Nagel
Umgebung	Beliebiger Raum; im Freien, wenn es schattig ist

Gegenstände aus der Umgebung der Kinder, eventuell auch eigens bereitgestellte Materialien sollen auf ihre Leitfähigkeit hin untersucht werden.

Aufgabe (Rezept mit Test)
Baue zunächst einen einfachen Stromkreis mit Glühlampe auf! Öffne ihn dann an einer Stelle und baue dort nacheinander verschiedene Gegenstände aus deiner Umgebung ein!
Entscheide, ob sie den Strom leiten oder nicht!

Aufgabe (Erkundung)
Kannst du auch bessere Leiter und schlechtere Leiter unterscheiden?

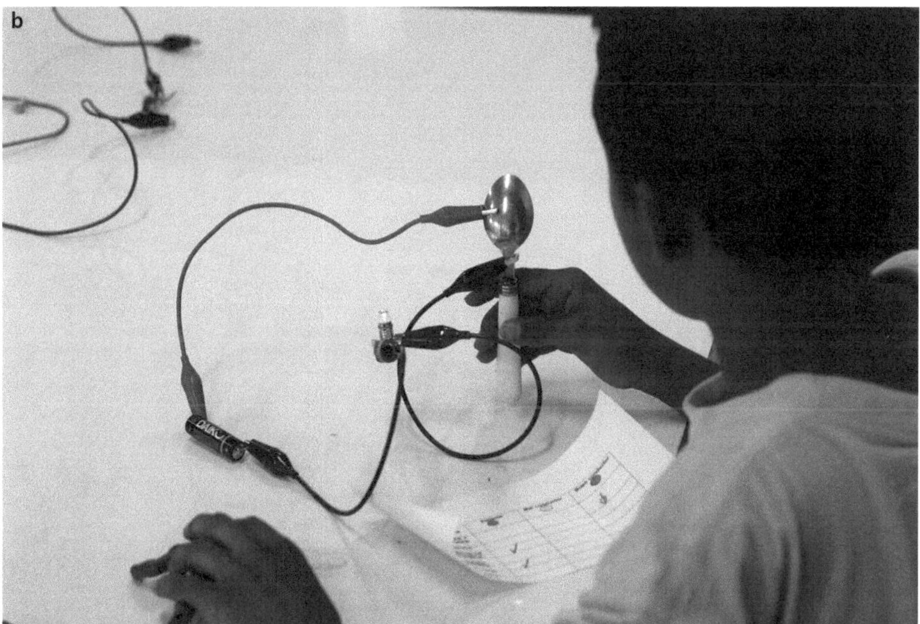

◙ Abb. 7.5 **a** Glas als Nichtleiter im elektrischen Stromkreis: Die Lampe leuchtet nicht. **b** Ein Löffel aus Metall leitet den elektrischen Strom: Die Lampe leuchtet

Klar ist, dass sich Gegenstände aus beispielsweise Kunststoff, Keramik, Gummi und Glas (◙ Abb. 7.5a) als Nichtleiter entpuppen werden, während Metallgegenstände, wie der Löffel in ◙ Abb. 7.5b, den Strom gut leiten. Als erkennbar mäßig gute Leiter, bei deren Einbau die Glühlampen zwar leuchten, jedoch nicht besonders stark, eignen sich Graphitminen für Druckbleistifte oder auf beiden Seiten angespitzte herkömmliche Bleistifte. Schnell ergeben sich aus den ersten Tests ganze Testreihen. Materialien bekommen die elektrische Eigenschaft der Leitfähigkeit zugewiesen oder eben nicht.

7.4 Leiterketten

Lernziele	Erkenntnis: viele Leiter hintereinander leiten auch
Material	Glühlampe mit Fassung, Batterie, einige Kabel mit Krokodilklemmen, elektrisch leitende Alltagsgegenstände
Umgebung	Beliebiger Raum; im Freien, wenn es schattig ist

Nachdem aus den vorangegangenen Experimenten deutlich geworden ist, welche Gegenstände gute elektrische Leiter sind, macht es besonderen Spaß, aus vielen Gegenständen eine Leiterkette wie z. B. in ◘ Abb. 7.6 zusammenzustellen:

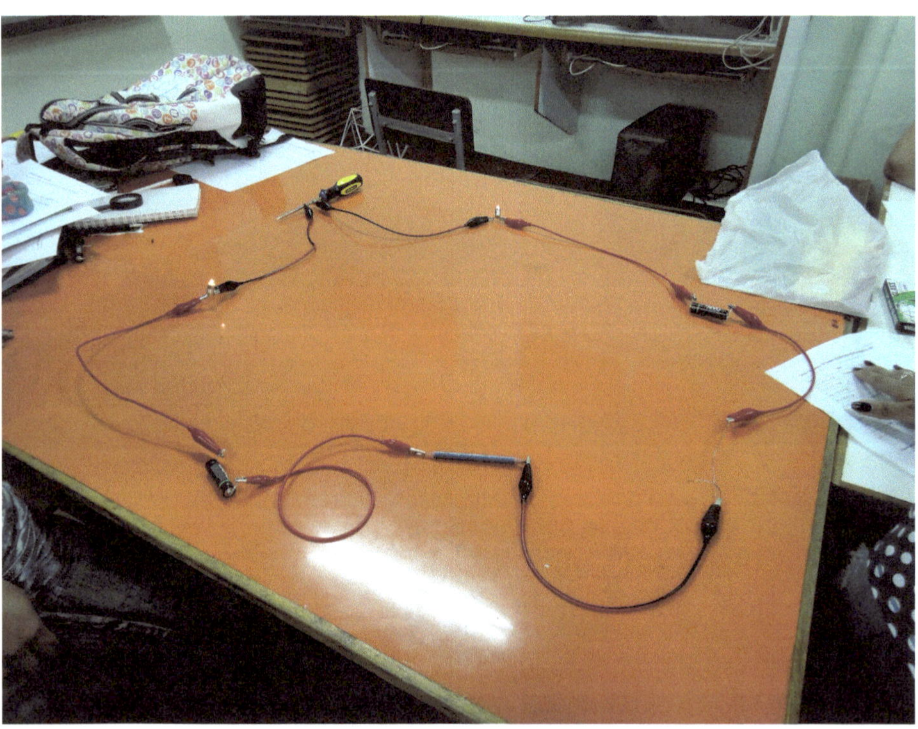

◘ **Abb. 7.6**   Eine Leiterkette mit Schraubendreher, Glühlampen, Draht, Bleistift und zwei Batterien

■ **Abb. 7.7**   Auch das Brillengestell leitet den elektrischen Strom

Aufgabe (Erkundung)
Baue in einen Stromkreis mit einer Glühlampe gleichzeitig möglichst viele leitende Gegenstände aus deiner Umgebung ein! Hast du richtig entschieden, dann leuchtet die Lampe.

Studierende in Kolumbien hatten z. B. ihren eigenen Schmuck, Brillen (siehe ■ Abb. 7.7), Zahnspangen und Inhalte aus ihren Federmäppchen getestet; Straßenkinder ihre Tascheninhalte, Kleidung und Dinge, die im Raum bereit lagen.

7.5 Leuchtdiode(n) im Stromkreis

Lernziele	Erkennen der Unterschiedlichkeit der Batteriepole und der Gerichtetheit des Stroms
Material	Leuchtdiode mit Vorwiderstand von 130 Ω (oder 2 Leuchtdioden in Reihe), Batterie, 3 Kabel mit Krokodilklemmen
Umgebung	Beliebiger Raum; im Freien, wenn es schattig ist

Mit Flachbatterien lassen sich auch gut Leuchtdioden betreiben, hier muss man jedoch einen zusätzlichen Vorwiderstand einbauen (siehe ◘ Abb. 7.8) oder zwei Leuchtdioden in Reihe schalten. Tut man das nicht, brennen sie durch. Auch diese Erfahrung sollte gemacht werden.

Da Glühlampen auf dem Rückzug und Leuchtdioden im Kommen sind, knüpft man damit gut an die sich verändernde Lebenswelt an. Außerdem bieten Leuchtdioden die Möglichkeit zu erfahren, dass es im Stromkreis eine Orientierung gibt: Leuchtdioden müssen richtig gepolt werden, sonst leuchten sie nicht. Das längere Bein muss mit dem Pluspol und das kürzere Bein muss mit dem Minuspol verbunden werden.

Aufgabe (Rezept und Erkundung)

Baue einen funktionierenden Stromkreis mit einer Leuchtdiode mit einem in Reihe geschalteten Vorwiderstand und einer Flachbatterie auf! Vertausche die Pole! Was beobachtest du?

Aufgabe (Erkundung)

Finde heraus, wie man zwei Leuchtdioden in Reihe schalten muss, damit sie leuchten!

Man kann die Polungsabhängigkeit der Leuchtdiode gut dazu nutzen, um darüber zu sprechen, dass offenbar tatsächlich ein Unterschied zwischen dem Pluspol und dem

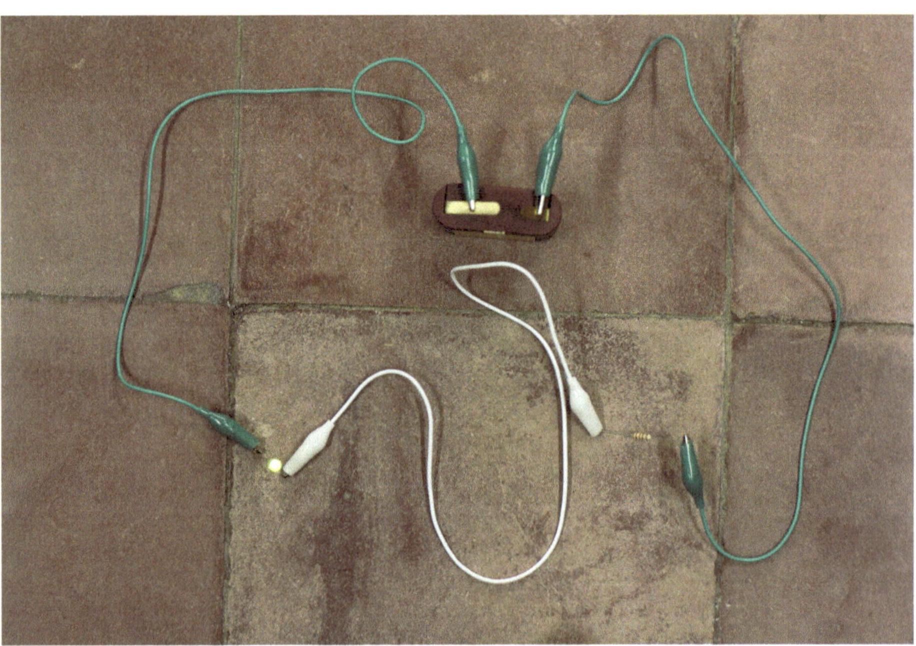

◘ **Abb. 7.8**   Eine LED im Stromkreis leuchtet nur, wenn sie richtig gepolt wurde

Minuspol einer Batterie besteht. Man kann sich eine Flussrichtung des Stromes vorstellen. Die Leuchtdiode verhält sich hier wie ein Einwegventil und ist nur in einer Richtung durchlässig.

7.6 Leitfähigkeit von Wasser

Lernziele	Systematisches Experimentieren, Bilden und Verwerfen von Hypothesen, differenzierte Bewertung der Leitfähigkeit von Wasser
Material	Glühlampe mit Fassung, Leuchtdiode, Batterie, 3 Kabel mit Krokodilklemmen, Becher oder Schale, 2 Elektroden (große Nägel, Metallstricknadeln), Leitungswasser, Speisesalz, destilliertes Wasser
Umgebung	Beliebiger Raum; im Freien, wenn es schattig ist; große Experimentierfläche, Wasseranschluss ist von Vorteil

Die Frage nach der Leitfähigkeit von Wasser wird von Kindern vor dem entsprechenden Unterricht sehr unterschiedlich beantwortet. Genauere Untersuchungen dazu kann man recht spannend gestalten und in regelrechte Forschungsaufträge überführen. Man benötigt zunächst einmal eine geeignete Wasserteststrecke, die in einen Stromkreis eingebaut werden kann. Brauchbar ist beispielsweise ein Kunststoffbecher, in dem man in gutem Abstand voneinander zwei Eisennägel oder zwei Metallstricknadeln als Elektroden positioniert (siehe ◧ Abb. 7.9). Das Gefäß kann dann, mit Wasser gefüllt, Teil eines Stromkreises werden.

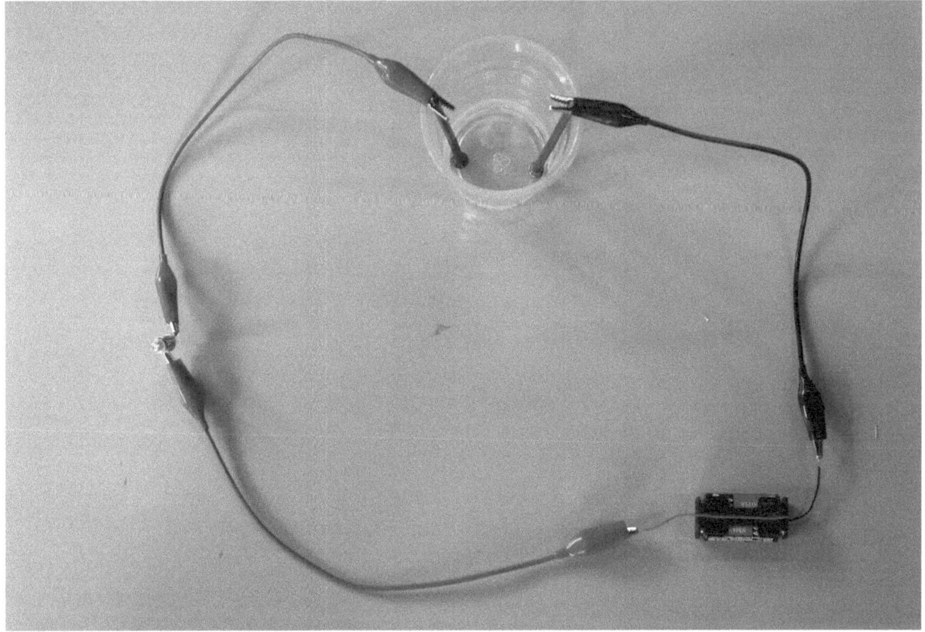

◧ **Abb. 7.9**   Teststrecke zur Untersuchung der Leitfähigkeit von Wasser

Aufgabe (Rezept, Erkundung, Entscheidung)

Baue einen Stromkreis mit einer Leitungswasser-Teststrecke, einer Flachbatterie und einer Glühlampe auf! Beobachte! Ist Wasser ein Leiter oder ein Isolator?

Aufgabe (Rezept, Erkundung, Entscheidung)

Ersetze die Glühlampe durch eine Leuchtdiode mit Vorwiderstand, achte dabei auf die richtige Polung! Was kannst du jetzt beobachten? Ist Leitungswasser ein Leiter oder ein Isolator?

Aufgabe (Rezept, Erkundung, Entscheidung)

Baue jetzt wieder die Glühlampe in den Stromkreis ein! Gib einige Teelöffel Speisesalz in das Wasser und rühre gut um! Beobachte die Lampe!

Der elektrische Strom durch das Leitungswasser wird bei Verwendung der Glühlampe zu gering sein, um diese zum Leuchten zu bringen. Dagegen leuchtet eine Standard-Leuchtdiode vermutlich schwach. Leitungswasser leitet also den Strom – aber nicht besonders gut. Die Leitfähigkeit verbessert sich erheblich, wenn Speisesalz zugefügt wird: Auch die Glühlampe leuchtet dann schwach. Die Leitfähigkeit von Leitungswasser ist zu einem großen Anteil das Resultat der Ionenleitung aufgrund der im Wasser vorhandenen Mineralien.

Führt man das Experiment einmal mit entmineralisiertem oder destilliertem Wasser durch, zum Beispiel als abschließendes Demonstrationsexperiment, leuchtet nicht einmal mehr die Leuchtdiode.

7.7 Schaltungen mit zwei Glühlampen

Lernziele	Systematisches Probieren beim Experimentieren, unterschiedliche Schaltungsarten und ihre Eigenschaften kennen (und verstehen): Parallelschaltung und Reihenschaltung
Material	2 Glühlampen mit Fassungen, Batterie, 6 Kabel mit Krokodilklemmen, Papier und Stift
Umgebung	Beliebiger Raum; im Freien, wenn es schattig ist; große Experimentierfläche

Aufgabe (Erkundung)

Baue zwei Glühlampen gleichzeitig in einen Stromkreis ein!

■ Abb. 7.10   Zwei Glühlampen werden in Reihe geschaltet

Der Anschluss zweier Glühlampen gelingt nach etwas Vorerfahrung mit einfachen Stromkreisen durch Ausprobieren recht gut. Das Ergebnis ist eine der klassischen Grundschaltungen: die Reihenschaltung (■ Abb. 7.10) oder die Parallelschaltung (■ Abb. 7.11) zweier Glühlampen.

Der Wechsel zur jeweils anderen Schaltungsart erfordert jedoch in der Regel Hilfe. Für die Kinder und Jugendlichen ist nicht unmittelbar einsichtig, weshalb man das Leuchten beider Glühlampen auch noch auf andere Weise erreichen soll. Die Anregung dazu könnte folgendermaßen lauten:

Aufgabe (Erkundung und Beobachtung)
Baue einen Stromkreis mit zwei Glühlampen auf zwei ganz unterschiedliche Weisen! Beobachte genau, welche Unterschiede sich ergeben!

Hier können (Schalt-) Zeichnungen hilfreich sein und die Fachbegriffe eingeführt werden. In der ■ Abb. 7.12 ist zu erkennen, dass die Aufgabe, den Stromkreis aufzuzeichnen, von Straßenkindern mit Freude angenommen wird. Es ist das Erfolgserlebnis, welches hier motiviert.

7

◘ **Abb. 7.11**   Zwei Glühlampen sind parallel geschaltet

◘ **Abb. 7.12**   Den Stromkreis skizzieren heißt, genau zu beobachten

7.8 Schaltungen mit mehr als zwei Glühlampen

Lernziele	Kreatives Experimentieren, unterschiedliche Schaltungsarten und ihre Eigenschaften kennen (und verstehen), Parallelschaltung und Reihenschaltung innerhalb komplexerer Schaltungen wiedererkennen, Kirchhoff'sche Gesetze in qualitativer Form
Material	5 Glühlampen mit Fassungen, Flachbatterie, 10 Kabel mit Krokodilklemmen, ggf. Multimeter
Umgebung	Beliebiger Raum; im Freien, wenn es schattig ist; sehr große Experimentierfläche (Boden!)

Nach hinreichenden Erfahrungen mit einfachen Stromkreisen sowie Reihen- und Parallelschaltungen kann gut eine freie Aufgabenstellung zum gleichzeitigen Einsatz von mehr als zwei Glühlampen gestellt werden.

Aufgabe (Erkundung)
Erfinde eine Schaltung mit mehr als zwei Glühlampen! Fertige eine Skizze deiner Schaltung an.

Über die Skizzen oder auch durch das Demonstrieren der Schaltungen selbst können die anderen Kinder angeregt werden, noch weitere Schaltungen zu bauen und

◘ **Abb. 7.13**   In der Parallelschaltung von drei Glühlampen leuchten alle drei Lampen hell

vielleicht gesehene Schaltungsteile in eigene Werke zu integrieren. In ◘ Abb. 7.13 wurde dies umgesetzt.

Die systematische und genaue Betrachtung von Schaltungen mit mehreren Lampen kann zu einer qualitativen Annäherung an die Kirchhoff'schen Gesetze führen, beispielsweise in einem verzweigten Stromkreis mit drei Glühlampen: An dieser Stelle teilt sich der Strom in zwei Zweige auf, deshalb leuchten diese zwei Lampen nicht so hell wie die andere.

> **⊕ Tipp**
> **An dieser Stelle ist es jetzt möglich, Ströme und Spannungen quantitativ zu betrachten, also zu messen. Mit einem preiswerten Multimeter ist dies recht einfach.**

7.9 Schaltungskombinationen aus Glühlampen und Leuchtdioden

Lernziele	Probieren, Experimentieren, unterschiedliche Eigenschaften der Grund-Schaltungsarten (Parallelschaltung und Reihenschaltung) kennenlernen, unterschiedliche Eigenschaften von Leuchtdiode und Glühlampe kennenlernen, (Kirchhoff'sche Gesetze)
Material	Glühlampe mit Fassung, Leuchtdiode mit Vorwiderstand, Batterie, 6 Kabel mit Krokodilklemmen
Umgebung	Beliebiger Raum; im Freien, wenn es schattig ist; große Experimentierfläche

Bei der Kombination von Glühlampen und Leuchtdioden kann es zu Überraschungen kommen. Wenn solche Schaltungen realisiert werden sollen, ist es sinnvoll, so wie von uns erprobt, Glühlampen zu verwenden, deren Anschluss-Nennspannung ungefähr dem Bedarf von Leuchtdioden mit Vorwiderstand entsprechen.

Aufgabe (experimentelle Übung)
Baue Parallelschaltungen und Reihenschaltungen auf und verwende dabei jeweils eine Glühlampe und eine Leuchtdiode mit Vorwiderstand!

Überraschenderweise leuchtet bei der Reihenschaltung nur die Leuchtdiode, richtige Polung vorausgesetzt (siehe ◘ Abb. 7.14). Es muss zwar ein elektrischer Strom gleicher Stärke wie durch die Leuchtdiode auch durch die Glühlampe fließen, aber die Stromstärke ist zu gering, um die Lampe zum Leuchten zu bringen. Standard-Leuchtdioden leuchten dagegen schon bei sehr geringen Strömen um 10 mA.

▣ Abb. 7.14   Bei einer Reihenschaltung aus Glühlampe und Leuchtdiode leuchtet nur die Leuchtdiode

Bei der Parallelschaltung dagegen liegt die Versorgungsspannung von 4,5 V sowohl an der Glühlampe als auch an der Leuchtdiode mit Vorwiderstand an, weshalb beide leuchten.

7.10 Ein Schalter im Stromkreis

Lernziele	Geschlossenheit des Stromkreises als Voraussetzung für seine Funktion, Funktionsweise eines Tastschalters
Material	Glühlampe mit Fassung, Batterie, Tastschalter, 3 Kabel mit Krokodilklemmen
Umgebung	Beliebiger Raum; im Freien, wenn es schattig ist

Der einfache Stromkreis wird durch Einbau eines Tastschalters noch einmal interessant. Bewährt hat sich die Verwendung eines Tastschalters, wie er zum Beispiel bei Türklingeln Verwendung findet. Man kennt bei Tastschaltern vom Türklingeltyp den Schaltzustand immer genau: Solange man ihn drückt, ist der Schalter geschlossen, sonst ist er offen. Bei geschlossen gebauten Kippschaltern und Schiebeschaltern muss man dagegen genau hinsehen, um zu wissen, ob er ein- oder ausgeschaltet ist – falls überhaupt eine Anzeige des Schaltzustandes vorhanden ist. Ein Tastschalter vom Türklingeltyp hilft zusätzlich beim Energiesparen, da ohne Drücken der Stromkreis bzw. ein Teilkreis nicht geschlossen ist.

Aufgabe (Erkundung)
Ergänze einen einfachen Stromkreis mit einer Glühlampe mit einem Schalter! Wo kann man überall einen Schalter einbauen?

Eigentlich ist so ein Schalter etwas sehr Einfaches. Trotzdem zeigt unsere Erfahrung, dass sowohl Straßenkinder als auch fortgeschrittene Lerner nach dem Einbau keine stimmige Idee vom Innenleben eines Schalters haben. Ein Schalter mit sichtbarem Innenleben kann hier helfen. Zur Not tut es auch eine Skizze – das Schaltzeichen des Schalters wie in ◘ Abb. 7.15 zeigt auch schon in die richtige Richtung. In ◘ Abb. 7.16 ist die praktische Umsetzung zu sehen.

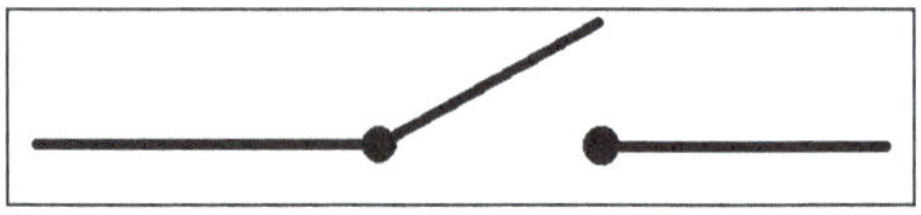

◘ **Abb. 7.15** So sieht das Schaltzeichen für einen Schalter aus

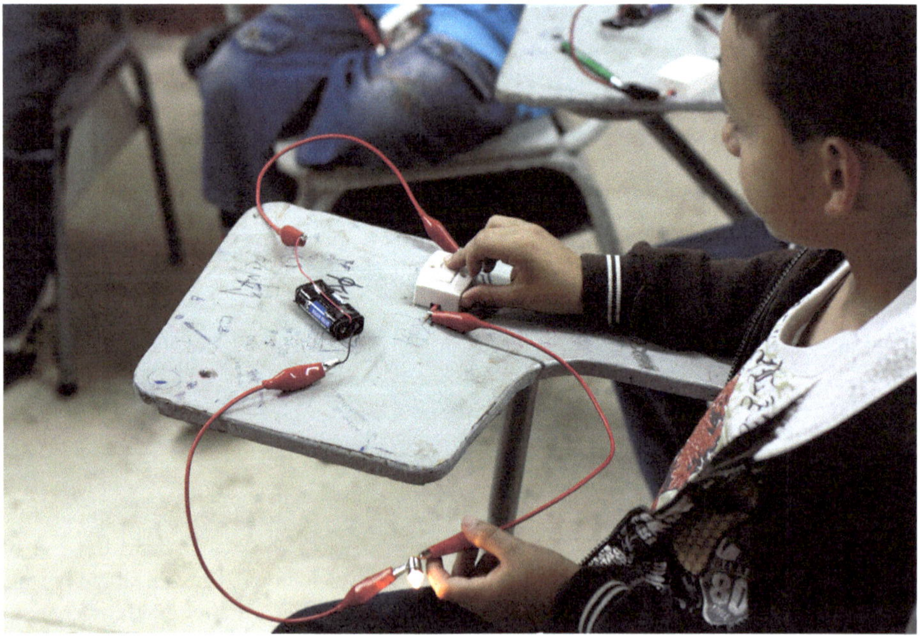

◘ **Abb. 7.16** Der Stromkreis mit einem Tastschalter funktioniert!

7.11   Stromkreise mit zwei Schaltern und einer Glühlampe

Lernziele	Geschlossenheit des Stromkreises als Voraussetzung für seine Funktion, Grundschaltungen von zwei Schaltern kennen und verstehen: UND-Schaltung und ODER-Schaltung
Material	Glühlampe mit Fassung, Batterie, 2 Tastschalter, 6 Kabel mit Krokodilklemmen
Umgebung	Beliebiger Raum; im Freien, wenn es schattig ist; große Experimentierfläche

Um die Verhältnisse übersichtlich zu halten, sollte man sich beim Einbau von zwei Schaltern zunächst auf Stromkreise mit nur einer Glühlampe beschränken.

Aufgabe (Erkundung)
Baue verschiedene Stromkreise mit zwei Tastschaltern und einer Glühlampe!
Beobachte genau und beschreibe jeweils (stelle dar), wie sich die Schaltungen verhalten!

Analog zu den oben beschriebenen Schaltungen mit zwei Glühlampen lassen sich auch zwei Schalter sinnvoll „in Reihe" oder „parallel" anordnen. Dadurch ergeben sich jetzt aber zwei sogenannte logische Schaltungen:
— Bei Reihenschaltung der Schalter ergibt sich die UND-Schaltung: Die Lampe leuchtet nur, wenn der eine UND der andere Schalter geschlossen sind (siehe ◨ Abb. 7.17).

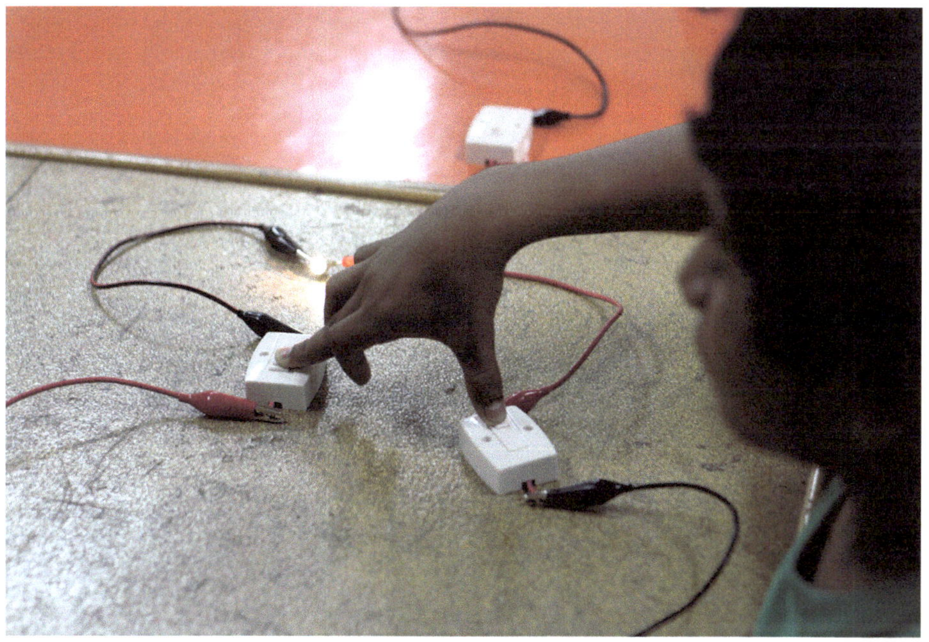

◨ **Abb. 7.17**   Liegen die Schalter in Reihe, müssen sie beide gedrückt werden, damit die Lampe leuchtet

- Bei Parallelschaltung der Schalter ergibt sich die ODER-Schaltung: Die Lampe leuchtet, wenn der eine Schalter ODER der andere Schalter geschlossen ist. Der Fall, dass beide Schalter gleichzeitig gedrückt sind, ist hier ausdrücklich eingeschlossen und führt auch zum Leuchten der Lampe.

Entsprechende Schalterkombinationen werden elektronisch realisiert und in der Informationstechnologie zur Durchführung von Rechenoperationen eingesetzt.

Leicht verständlich sind folgende technische Anwendungen:

- UND-Schaltung: Bei der Arbeit an einer Maschine soll verhindert werden, dass die Hand eines Arbeiters oder einer Arbeiterin in einen gefährlichen Bereich gerät. Man bringt dazu zwei Schalter, die zugleich bedient werden müssen, so an, dass der Arbeiter oder die Arbeiterin zur Inbetriebnahme beide Hände benötigt.
- ODER-Schaltung: Eine Wohnungsklingel im 3. Stock eines Mehrfamilienhauses soll sowohl am Hauseingang als auch oben unmittelbar an der Wohnungstür betätigt werden können.

7.12 Stromkreise mit mehreren Schaltern und Glühlampen

Lernziele	Kreatives Experimentieren, Verständnis von Stromkreisen bzw. Teilstromkreisen, Stromkreise skizzieren
Material	Glühlampen mit Fassung, Batterie, 5 Tastschalter, 10 Kabel mit Krokodilklemmen, Papier und Stift zum Zeichnen
Umgebung	Beliebiger Raum; im Freien, wenn es schattig ist; sehr große Experimentierfläche (Boden!)

Mit mehreren Schaltern und Lampen soll frei experimentiert werden. Zu beachten ist hier, dass die Kinder genügend Platz zum Experimentieren haben (siehe ◘ Abb. 7.18).

Aufgabe (Erkundung)
Baue eine beliebige neue Schaltung mit mehreren Schaltern und Lampen auf!
Zeichne dazu ein Schaltbild. Zeige die Schaltung mit dem Schaltbild anschließend
den anderen und erkläre, wie sie funktioniert! Vielleicht können deine Freunde diese
Schaltung nachbauen?

Hier kommt es darauf an, dass die Kinder in Ruhe und ausgiebig die Bauteile variieren, ihre Schaltungen genau analysieren und aufzeichnen.

 Achtung
Auch wenn diese Aufgabe nach ausgiebigen Vorübungen gestellt wird, besteht hier
eine erhöhte Gefahr von Kurzschlüssen!

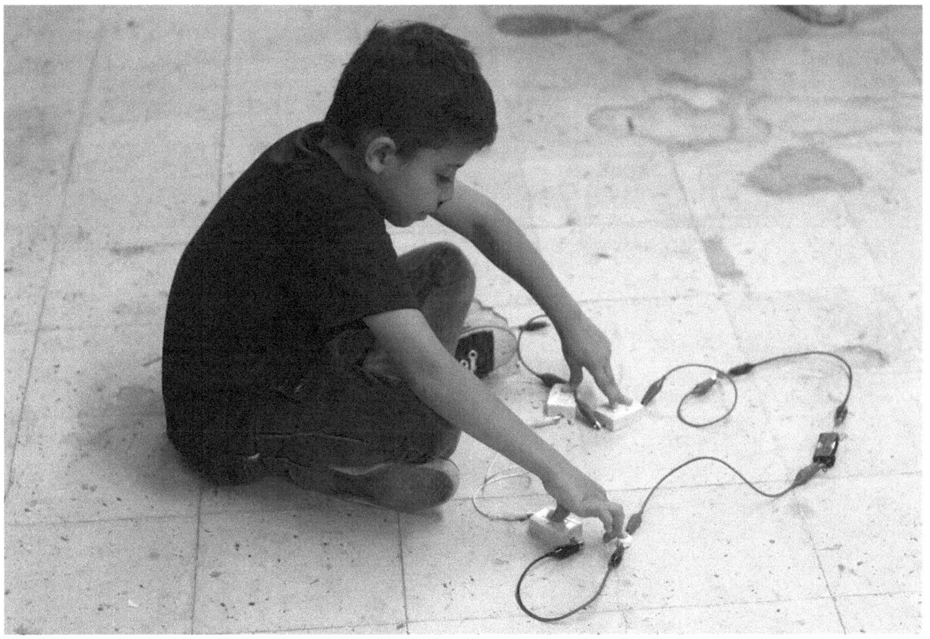

◘ Abb. 7.18   Dieses Kind hat vier Schalter in den Stromkreis eingebaut

7.13 Mit Solarzellen einen Elektromotor antreiben

Lernziele	Licht als Energiequelle, qualitative Abhängigkeit der nutzbaren Energie von Helligkeit und Einstrahlwinkel
Material	Solarzelle (ca. 1 V/200 mA), 2 Kabel mit Krokodilklemmen, Solarmotor mit Propeller, Sonnenlicht, Taschenlampe, Raumbeleuchtung, Stück Pappe zur Abdeckung der Solarzelle
Umgebung	Raum mit direktem Sonnenlicht; im Freien bei Sonnenschein

Experimente mit Solarzellen kommen bei Straßenkindern immer sehr gut an. Die Vorstellung, dass man damit beliebig lange bei Sonnenschein z. B. einen kleinen Ventilator betreiben kann, ist verlockend. Außerdem laden Solarzellen zum Spiel mit dem auftreffenden Licht ein. Wir haben in der Regel mit Solarzellenpanels von 1 V/200 mA gearbeitet, die zwei in Reihe geschaltete Einzelzellen enthalten. Dazu passen gut die speziell als Solarmotoren verkauften kleinen Elektromotoren, die schon bei sehr geringen Stromstärken anlaufen.

Damit die Kinder die Drehung des Solar-Elektromotors gut beobachten können (siehe ◘ Abb. 7.19), sollte ein passender Propeller oder etwas Ähnliches auf die Achse gesteckt werden.

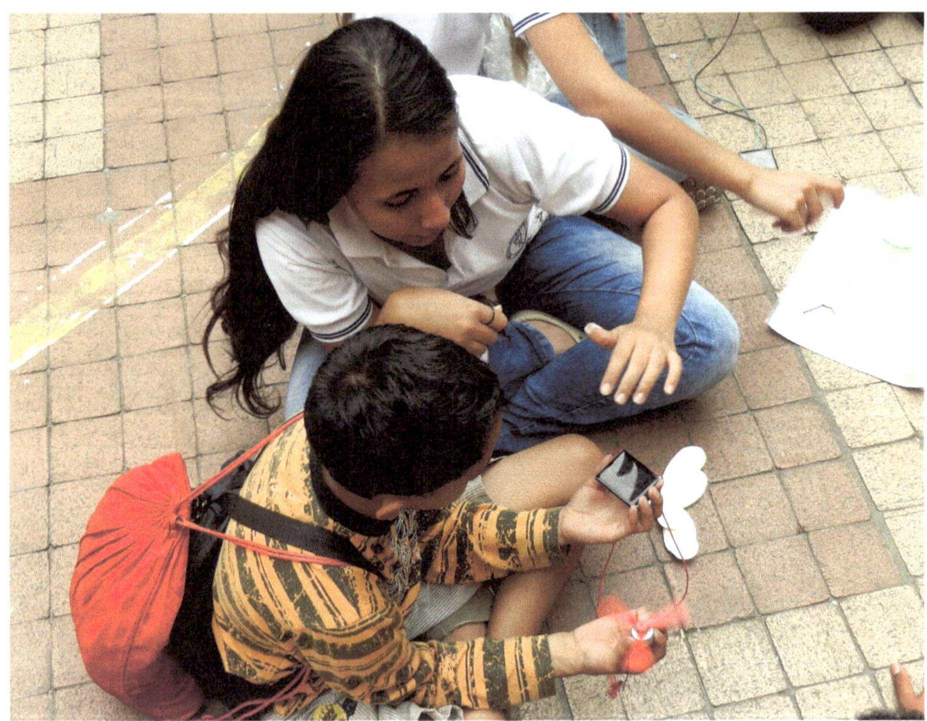

◘ Abb. 7.19   Der Propeller dreht sich abhängig von der Sonneneinstrahlung auf der Solarzelle

Aufgabe (Rezept und Erkundung)

Schließe einen Elektromotor an eine Solarzelle an und halte die Solarzelle so ins Sonnenlicht, dass der Motor anläuft. Finde heraus, unter welchen Bedingungen der Motor am schnellsten läuft.

Aufgabe (Erkundung)

Untersuche, wie sich die Solarzelle mit angeschlossenem Elektromotor verhält, wenn du die Zelle mit verschiedenen Lichtquellen aus deiner Umgebung beleuchtest.

Aufgabe (Erkundung)

Decke die Solarzelle teilweise mit einem Pappstück zu und beobachte, wie sich der Elektromotor verhält.

Bei diesen Aufgaben gibt es viel zu entdecken: Der Winkel der Sonneneinstrahlung und die beleuchtete Fläche spielen genauso eine Rolle wie die Beleuchtungsstärke. Sonnenschein auf einer Solarzelle ist um vieles effektiver als jede künstliche Lichtquelle. Je nachdem, wo und wie man die Solarzelle mit einem Stück Papier oder Pappe abdeckt, entsteht mehr oder weniger elektrische Energie.

7.14 Welchen Strom liefern Solarzellen?

Lernziele	Licht als Energiequelle, qualitative Abhängigkeit der nutzbaren Energie von Helligkeit und Einstrahlwinkel, Begriff der Stromstärke
Material	Solarzelle, 2 Kabel mit Krokodilklemmen, Multimeter zur Messung der Stromstärke, Sonnenlicht
Umgebung	Raum mit direktem Sonnenlicht; im Freien bei Sonnenschein

Nicht ganz so sinnlich wie die Beobachtung eines Motors mit Propeller, dafür aber etwas präziser kann die Veränderung, die die Stellung zur Sonne bringt, mit einem Strommessgerät (auch Ampèremeter genannt) untersucht werden (siehe ◘ Abb. 7.20).

Aufgabe (Erkundung)
Schließe ein Strommessgerät an eine Solarzelle an und beobachte, wie sich die Stromstärke je nach Beleuchtung der Solarzelle verändert. Richte die Solarzelle so aus, dass die gemessene Stromstärke einen möglichst hohen Wert erreicht.

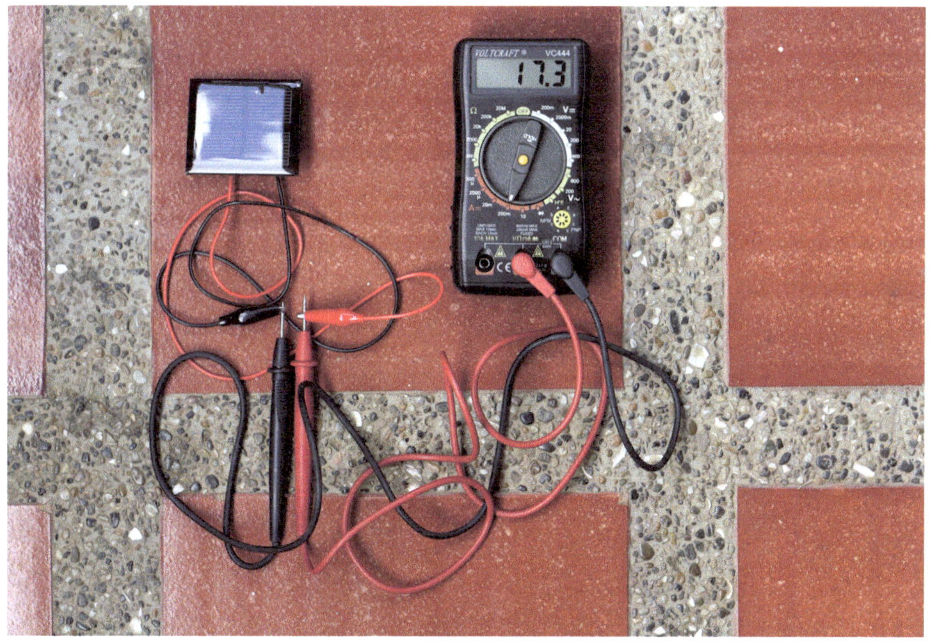

◘ **Abb. 7.20**   Mit einem handelsüblichen Strommessgerät lässt sich die Stromstärke messen, die eine Solarzelle erzeugt. Hier sind es 17,3 mA

Die größte Stromstärke wird bei senkrechter Sonneneinstrahlung erreicht. Deshalb müssen Solarzellen im Alltag übrigens nach dem Sonnenstand ausgerichtet werden. In vielen Fällen gibt es auch Nachführeinrichtungen, um die Energieausbeute so hoch wie möglich zu treiben.

7.15 Solarzellen und Leuchtdioden bzw. Glühlampen

Lernziele	Licht als Energiequelle, qualitative Abhängigkeit der nutzbaren Energie von Helligkeit und Einstrahlwinkel, Reihenschaltung von Solarzellen
Material	Leuchtdiode, 2–3 Solarzellen (je 1 V) oder 4–5 Solarzellen (je 0,5 V), bis zu 6 Kabel mit Krokodilklemmen, Sonnenlicht
Umgebung	Raum mit direktem Sonnenlicht; im Freien bei Sonnenschein

Kleine Leuchtdioden lassen sich auch unter nicht optimalen Lichtbedingungen leicht durch Solarzellen zum Leuchten bringen, da sie nur eine geringe Stromstärke von ca. 20 mA benötigen. Allerdings sind ungefähr 2 V nötig, wozu von den Solarzellenpanels mit 1 V/200 mA zwei oder drei in Reihe zu schalten sind. Bei Einzelzellen mit 0,5 V braucht man vier bis fünf, die in Reihe geschaltet werden müssen.

Aufgabe (Erkundung)
Bringe eine Leuchtdiode mit mehreren Solarzellen zum Leuchten. Versuche dasselbe anschließend auch mit einer Glühlampe.

Da die Glühlampe vermutlich einen höheren Strom benötigt als eine kleine Leuchtdiode, z. B. im Falle der Glühlampe mit den Anschlusswerten 3,5 V/250 mA, sind hier gute Wetterverhältnisse und die optimale Ausrichtung der Solarzellen zur Sonne erforderlich. Schwierig wird dann evtl. das Beobachten des Leuchtens: Hierfür ist Schatten erforderlich, lange Zuleitungen zu den Lämpchen können hilfreich sein. So lassen sich die Lämpchen im Schatten positionieren.

Magnetismus und Elektromagnetismus

8.1 Untersuchungen mit zwei Stabmagneten und einem Kompass – 100

8.2 Magnetisierbare Gegenstände – 101

8.3 Straßen-Oersted – 101

8.4 Elektromagnete – 103

8.5 Stromkreis mit Glühlampe und Reedkontakt-Schalter – 105

© Springer-Verlag GmbH Deutschland, ein Teil von Springer Nature 2018
M. Welzel-Breuer, E. Breuer, *Physik (nicht nur) für Straßenkinder*,
https://doi.org/10.1007/978-3-662-57663-2_8

In der folgenden Tabelle sind die für die vorgeschlagenen Experimente zum Thema „Magnetismus und Elektromagnetismus" notwendigen Gegenstände und Materialien in alphabetischer Reihenfolge und mit dem Verweis auf die entsprechenden Experimente aufgelistet.

Gegenstände und Materialien	Einsatz in folgenden Experimenten
Abisolierzange	▶ Abschn. 8.4
Alltagsgegenstände zum Testen auf Magnetisierbarkeit (z. B. Bleistift, Schmuck, Nagel, Brille, Löffel, …)	▶ Abschn. 8.2
Flachbatterie (4,5 V) oder zwei (3 V) bis drei (4,5 V) in Reihe geschaltete AA-Batterien im Batteriehalter	▶ Abschn. 8.3, 8.4 und 8.5
Büroklammern aus Eisendraht	▶ Abschn. 8.4
Drucktaster, Tastschalter	▶ Abschn. 8.3 und 8.4
Fassungen für Glühlampen mit E10-Gewinde	▶ Abschn. 8.5
Glühlampen mit E10-Gewinde, passend zur verwendeten Batterie (etwa 3,5 V/200 mA)	▶ Abschn. 8.5
Kompass	▶ Abschn. 8.1, 8.3 und 8.4
Kabel mit Krokodilklemmen (Messstrippen)	▶ Abschn. 8.3, 8.4 und 8.5
Nägel aus Eisen (groß) bzw. Stricknadeln aus Metall	▶ Abschn. 8.4
Reedkontaktschalter	▶ Abschn. 8.5
Schaltdraht, einadrig	▶ Abschn. 8.4
Seitenschneider	▶ Abschn. 8.4
Stabmagnete	▶ Abschn. 8.1, 8.2 und 8.5

Das Spiel mit zwei Magneten fasziniert jedes Kind. Die über eine Distanz spürbare Kraft hat etwas Geheimnisvolles an sich und fordert zu spielerischem Erkunden heraus.

Mit dem Elektromagnetismus wird eine weitere wichtige Erscheinung der Elektrizität eingeführt. Diese kann später bei der Auseinandersetzung mit Elektromotoren und Klingeln wieder aufgegriffen werden.

8.1 Untersuchungen mit zwei Stabmagneten und einem Kompass

Lernziele	Gespür für die Kraftwirkung von Magneten über eine Distanz, Erfahrung mit den unterschiedlichen Magnetpolen, Kompassnadel als Magnet
Material	2 Stabmagnete, Kompass
Umgebung	Beliebiger Raum; im Freien

Spielerisch sollen erste Untersuchungen mit zwei gleichartigen Permanentmagneten angestellt werden.

Aufgabe (Erkundung)

Untersuche, wie zwei Magnete aufeinander einwirken.

Bei den Experimenten mit zwei Magneten werden Abstoßungs- und Anziehungskräfte beobachtet. Zur Ordnung der Phänomene werden zwei Magnetpole angenommen: Nordpol und Südpol. Gleichartige Pole stoßen sich ab und ungleichartige ziehen sich an. Diese Aussagen lassen sich noch mit Kompassen stützen. Kompassnadeln sind auch Magnete. Das Ende der Kompassnadel, das nach Norden zeigt, hat man magnetischen Nordpol genannt, das andere Ende ist dann der magnetische Südpol.

Hinweis

Der magnetische Südpol der Erde befindet sich in der Nähe des geographischen Nordpols!

Aufgabe (Erkundung)

Untersuche, wie der Kompass auf die Magnete reagiert!

Aufgabe (Erkundung)

Finde heraus, wo an den Magneten der Nord- und wo der Südpol ist!

8.2 Magnetisierbare Gegenstände

Lernziele	Unterscheidung von Materialien nach Magnetisierbarkeit
Material	Magnet, Alltagsgegenstände
Umgebung	Beliebiger Raum; im Freien

Die Umgebung kann nach Gegenständen abgesucht werden, die von Magneten angezogen werden.

Aufgabe (Erkundung)

Welche Gegenstände in deiner Umgebung werden von einem Magneten angezogen?

8.3 Straßen-Oersted

Lernziele	Gesetz von Oersted
Material	Flachbatterie (oder 2–3 AA-Batterien im Batteriehalter), Tastschalter, 2 Kabel mit Krokodilklemmen, Kompass, Klebestreifen
Umgebung	Beliebiger Raum; im Freien

Abb. 8.1   Der elektrische Strom erzeugt ein Magnetfeld: Die Kompassnadel bewegt sich, wenn der Schalter betätigt wird

Das Experiment von Oersted lieferte 1819 den ersten Beweis für einen Zusammenhang zwischen Elektrizität und Magnetismus. Ein elektrischer Strom übt in seiner Umgebung eine Kraft auf eine Kompassnadel, also auf einen Magneten aus.

In der Schule wird das Experiment oft als Demonstrationsversuch mit großartigem Gerät vorgeführt. Hier stellen wir eine Realisation mit ganz einfachem Material, sozusagen die „Straßenversion" vor.

Da man genau nach Rezept aufbauen muss, ist hier als Startimpuls zu empfehlen, dass die Lehrkraft das Experiment einmal zusammenstellt und ein Kind den Taster drücken darf, während alle anderen beobachten. Anschließend können dann alle das Experiment nachbauen, wie in ◘ Abb. 8.1 zu sehen ist.

Zunächst wird ein Kompass auf eine flache Unterlage gelegt. Die Pole einer Batterie werden über zwei Kabel mit Krokodilklemmen, zwischen deren Ende ein Tastschalter eingebaut ist, verbunden. Achtung: Bei gedrücktem Tastschalter fließt ein sehr starker Strom, da die Batterie kurzgeschlossen wird.

Eines der Kabel wird nun dicht über die Kompassnadel geführt, und zwar genauso ausgerichtet wie die Kompassnadel. Es kann günstig sein, das Kabel in dieser Position mit einem Klebestreifen zu fixieren.

Aufgabe (Rezept)
Drücke kurzzeitig den Tastschalter und beobachte die Kompassnadel!

Die Kompassnadel sollte sich sofort mit dem Schließen des Tastschalters drehen. Bei einem sehr starken Strom richtet sich die Nadel nahezu senkrecht zum stromführenden Kabel aus. Lässt man den Tastknopf los, richtet sich die Nadel wieder wie ursprünglich parallel zum Kabel aus.

🛈 Hinweis
Hält man den Tastknopf zu lange gedrückt, kann sich die Batterie wegen des starken Stromes deutlich erwärmen und sie wird bald erschöpft sein.

8.4 Elektromagnete

Lernziele	Kenntnis von Elektromagneten als ein- und ausschaltbare Magneten, Gesetz von Oersted
Material	Batterie, Nagel, ca. 1 m Draht mit nur einem Kupferkern (also keine Kupferlitze), Seitenschneider, Abisolierzange, Tastschalter, 3 Kabel mit Krokodilklemmen, Kompass, Büroklammern aus Eisendraht
Umgebung	Beliebiger Raum; im Freien

Mit einem Eisennagel und isoliertem Kabel, das nur einen einzelnen Kupferdraht enthält (keine Kupferlitze), lassen sich leicht recht wirkungsvolle Elektromagnete herstellen (siehe ◘ Abb. 8.2).

Damit die Stromstärke nicht zu lange aufrechterhalten wird, was zur Erhitzung und frühzeitigem Erschöpfen der Batterie führen kann, sollte immer ein Tastschalter in den Stromkreis eingebaut werden. Dann fließt nur Strom, wenn der Tastschalter gedrückt ist. Außerdem lässt sich gut beobachten, wie sich das Verhalten des Elektromagneten beim Ein- und Ausschalten verändert (siehe ◘ Abb. 8.3).

Aufgabe (Rezept und Erkundung)
Konstruiere einen Elektromagneten, indem du isolierten Draht auf einen Eisennagel wickelst und die beiden Enden abisolierst! Baue den Elektromagneten anschließend in einen Stromkreis mit einem Tastschalter ein und beobachte, wie ein Kompass in der Nähe des Elektromagneten reagiert, wenn du den Tastschalter drückst.

Aufgabe (Erkundung)
Vertausche auch die elektrischen Pole der Batterie und beobachte die Veränderung.

Nachdem der Elektromagnet mit einem Kompass untersucht worden ist, kann man ihn zum Anheben und Abwerfen leichterer magnetisierbarer Gegenstände verwenden. Dazu eignen sich beispielsweise Büroklammern aus Eisendraht.

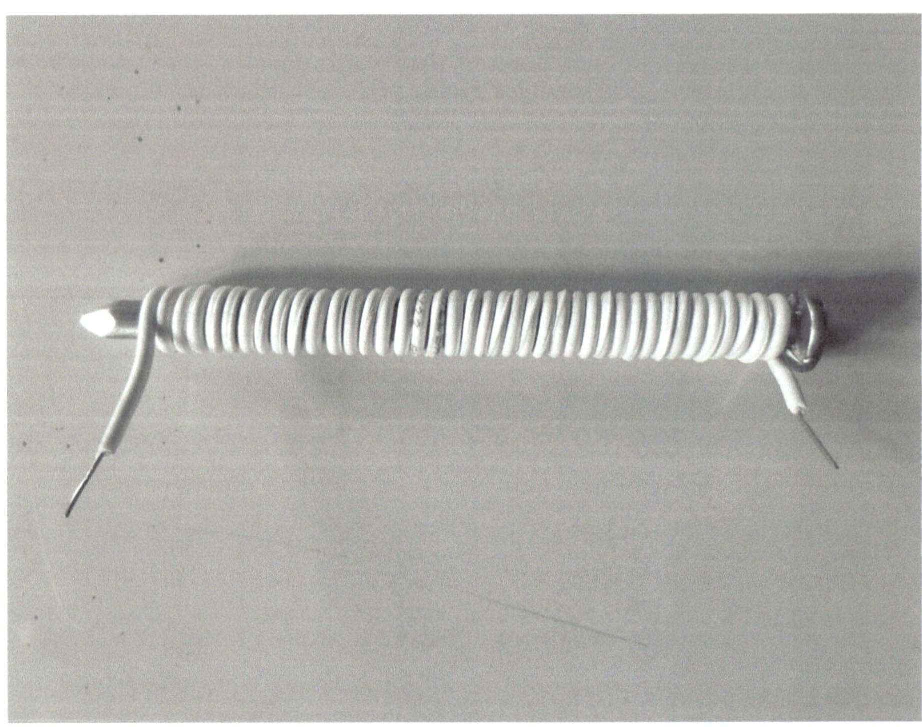

◘ Abb. 8.2   Ein einfacher Elektromagnet: Isolierter Draht wird auf einen langen Eisennagel gewickelt

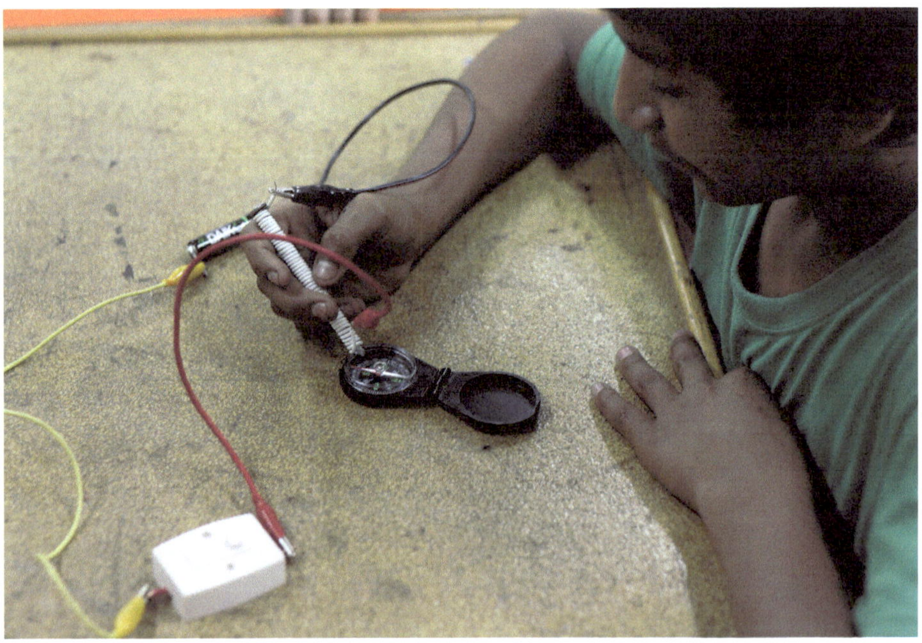

◘ Abb. 8.3   Wird der Schalter gedrückt, reagiert die Kompassnadel auf den Elektromagneten

> **Aufgabe (Erkundung)**
> Ziehe Büroklammern mit dem Elektromagneten an und lasse sie wieder fallen. Wie
> viele Büroklammern kannst du gleichzeitig mit dem Elektromagneten anheben?

Hier können die Kinder erfahren, dass man mit dem auf Eisen gewickelten Draht etwas erhält, das gegenüber einem herkömmlichen Permanentmagneten einen entscheidenden Vorteil hat: Man kann den Elektromagneten wieder abschalten und so zunächst angezogene Dinge wieder loslassen oder abwerfen.

Allerdings kann auch beobachtet werden, dass die magnetische Kraft nach Abschalten nicht ganz verschwindet: Der Eisennagel behält eine geringe Restmagnetisierung bei. Diese lässt sich durch heftiges Klopfen des Nagels auf einen harten Boden wieder auslöschen.

8.5 Stromkreis mit Glühlampe und Reedkontakt-Schalter

Lernziele	Funktionsweise eines Reedkontakt-Schalters
Material	Glühlampe mit Fassung, Reedkontakt-Schalter, Batterien im Batteriehalter, 3 Kabel mit Krokodilklemmen, Stabmagnet
Umgebung	Beliebiger Raum; im Freien, wenn es schattig ist

Das einfache Experiment zeigt eine interessante technische Anwendung des Magnetismus, nämlich einen Schalter, den man nicht direkt mit den Fingern berühren muss (siehe ◘ Abb. 8.4).

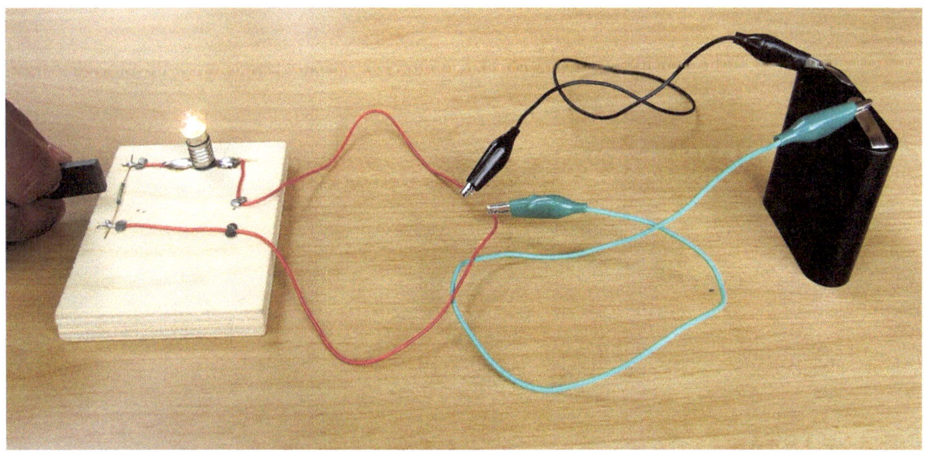

◘ **Abb. 8.4**   Mit dem Magneten links in der Hand wird der Reedkontakt geschaltet, und die Lampe leuchtet

Der Reedkontakt-Schalter wird geschlossen, indem ein Magnet in seine Nähe gebracht wird und dadurch die in ihm befindlichen Schaltzungen zueinander gebracht werden.

Aufgabe (Rezept und Erkundung)

Baue einen Stromkreis aus einer Glühlampe, einem Reedkontakt-Schalter und einer Batterie. Nähere dem Reedkontakt-Schalter aus verschiedenen Richtungen einen Magneten und beobachte, was passiert.

Mit einer Lupe können die Kinder den Aufbau eines Reedkontakt-Schalters näher untersuchen und verstehen, dass der Magnet einfach durch Anziehen eines dünnen Metallblattes einen Kontakt schließt. Das Schließen des Kontaktes kann man bei geringer Umgebungslautstärke auch als feines Klicken hören.

8

Optische Phänomene

9.1   Schattenbilder erzeugen und erleben – 110

9.2   Schatten einer Punkt-Lichtquelle, Schattenbilder von Gegenständen erzeugen – 113

9.3   Schatten zweier Lichtquellen – 115

9.4   Spiegelverkehrtes Nachzeichnen einer Figur – 117

9.5   Bilder am halbdurchlässigen Spiegel – 119

9.6   Kaleidoskop und Unendlichkeit – 121

9.7   Beobachtung von Gegenständen durch einen Wasserzylinder – 124

9.8   Experimente mit Glasstab (Zylinderlinse) – 125

9.9   Wasserlinsen – Lupe – 127

9.10   Abbilden mit Linsen – 128

9.11   Verschiedene Typen von Fernrohren – 131

9.12   Erkunden von Lichtquellen mit Spektralfolie – 132

9.13   Erkunden von Farben mit Rotbrillen – 134

© Springer-Verlag GmbH Deutschland, ein Teil von Springer Nature 2018
M. Welzel-Breuer, E. Breuer, *Physik (nicht nur) für Straßenkinder*,
https://doi.org/10.1007/978-3-662-57663-2_9

Wir stellen nun eine Sequenz von Experimenten zur Optik vor. Die Experimente wurden von uns in Kolumbien für Straßenkinder eingesetzt und später für die Arbeit mit Flüchtlingskindern in Deutschland ergänzt und angepasst. Im Allgemeinen haben wir darauf geachtet, dass auch unter beengten räumlichen Bedingungen gearbeitet werden kann. Aus Sicherheitsgründen haben wir Alternativen zur Verwendung von Kerzen und von Glasscheiben und -stäben beschrieben.

Generell gilt auch für alle vorgestellten Experimente der Optik, dass man sie, bevor sie in Lehr-Lern-Situationen eingesetzt werden, **gründlich selbst ausprobieren** sollte. Nur wenn man vorher ausgiebig selbst experimentiert hat, kennt man mögliche (technische und didaktische) Probleme und kann den Kindern in solchen Fällen in der Lernsituation helfen. Die Angaben zu den benötigten Materialien beziehen sich jeweils auf ein Experiment für eine Person oder eine Arbeitsgruppe.

Bei der Beschreibung der Experimentierideen starten wir jeweils mit einer **Tabelle,** in der die **fachlichen Inhalte, Materialien und notwendige Umgebungseigenschaften** kurz notiert sind. Zusätzlich haben wir Hinweise für Sprachanlässe aufgeführt, die helfen sollen, die Sprachentwicklung zu fördern. Der Tabelle folgen **zusätzliche Erläuterungen,** insbesondere zu den Lernzielen, und **immer Vorschläge für Aufgabenformulierungen.**

Wir haben – besonders zu Beginn der Experimentierreihe – Vorschläge für die methodische Gestaltung der Lernumgebungen unterbreitet, in denen die Experimente stattfinden können – ob es sich also beispielsweise um Unterrichtssituationen im engeren Sinne, eher um spielerische Angebote oder um informelle Interventionen handelt. Zudem haben wir versucht, möglichst „Forschungsaufgaben" zu formulieren, die die Kinder über einen gewissen Zeitraum selber explorieren, entdecken und experimentieren lassen, um so das forschend-entdeckende Lernen zu unterstützen.

Generell lassen sich alle Experimente aus unserer Sicht in unterschiedlichsten Zusammenhängen unter Anpassungen einsetzen und sinnvoll ergänzen. Daher sind die in den Texten zu findenden **Aufgabenstellungen und Umsetzungsbeschreibungen immer als Anregungen** zu verstehen. Eine Anpassung an die Altersstufe und die vorhandenen Vorkenntnisse der Kinder, mit denen gearbeitet werden soll, ist natürlich zu leisten.

Optische Phänomene sind häufig gerade auch für Kinder interessant anzusehen und zu erkunden, geht es doch um Licht- und Farberscheinungen, die überraschend sein können und die in der Regel sehr ästhetisch sind. Manche dieser Phänomene „verblassen" aber erheblich, wenn zu viel Störlicht vorhanden ist. Auf die Lichtverhältnisse der Umgebung ist also besonders zu achten.

In der folgenden Tabelle sind die für die vorgeschlagenen Experimente zum Thema „Optische Phänomene" notwendigen Gegenstände und Materialien in alphabetischer Reihenfolge und mit dem Verweis auf die entsprechenden Experimente aufgelistet. Insbesondere bei der Verwendung von Sammellinsen ist auf die Brennweite zu achten. Wir haben meist Linsen mit der Brennweite von ungefähr 5 cm verwendet.

Gegenstände und Materialien	Einsatz in folgenden Experimenten
Acrylglas-Rundstäbe, Durchmesser ca. 1 cm	► Abschn. 9.8
Bausteine, farbig (aus Holz)	► Abschn. 9.13
Beobachtungsschirme (z. B. Bierdeckel oder Pappkarten)	► Abschn. 9.2, 9.3 und 9.10

Gegenstände und Materialien	Einsatz in folgenden Experimenten
Farbstifte	▶ Abschn. 9.1, 9.3, 9.5, 9.7, 9.8, 9.9, 9.12 und 9.13
Fassungen für Glühlampen mit E10-Gewinde (empfehlenswert ist eine Ausführung, in der die Glühlampen sicher aufrecht stehen)	▶ Abschn. 9.2, 9.3, 9.5, 9.6, 9.10 und 9.12
Fernrohre, verschiedene (z. B. Galilei-Teleskop, Kepler-Teleskop, Fernglas)	▶ Abschn. 9.11
Flachbatterie (4,5 V) oder zwei (3 V) bis drei (4,5 V) in Reihe geschaltete AA-Batterien im Batteriehalter	▶ Abschn. 9.2, 9.3 und 9.6
Glasscheibe, möglichst Acrylglas, ca. DIN A5	▶ Abschn. 9.5, 9.6 und 9.9
Glühlampen, grün, E10-Gewinde, die zur gewählten Batterie passen, etwa 3,5 V/200 mA	▶ Abschn. 9.3, 9.10 und 9.12
Glühlampen, klar, E10-Gewinde, die zur gewählten Batterie passen, etwa 3,5 V/200 mA	▶ Abschn. 9.2, 9.3, 9.5, 9.6, 9.10 und 9.12
Glühlampen, rot, E10-Gewinde, die zur gewählten Batterie passen, etwa 3,5 V/200 mA	▶ Abschn. 9.3 und 9.10
Holzklötze oder Ähnliches als Sockel/Unterlage	▶ Abschn. 9.3
Konvexlinsen (ca. 5 cm Brennweite) oder Lupe, Halterung für Linse/Lupe, mit der sie senkrecht aufgestellt werden kann (z. B. Bikonvexlinsen, 24 dpt, 22,5 mm Durchmesser mit Linsenhalter bikonvex und kleiner Bodenplatte von fischer technik)	▶ Abschn. 9.10
Kabel mit Krokodilklemmen (Messstrippen)	▶ Abschn. 9.2, 9.3 und 9.6
Lichterkette aus Leuchtdioden, batteriebetrieben	▶ Abschn. 9.6 und 9.12
Mal-/Kopierpapier DIN A3	▶ Abschn. 9.1
Mal-/Kopierpapier DIN A4	▶ Abschn. 9.3, 9.5, 9.7, 9.12 und 9.13
Papier (kariert)	▶ Abschn. 9.8 und 9.9
Pappkarton (DIN A5) als Sichtschutz	▶ Abschn. 9.4
Plastikbecher, klar, zylindrisch, mit Wasser gefüllt	▶ Abschn. 9.7
Rotbrille oder rote Filterfolie	▶ Abschn. 9.13
Schere	▶ Abschn. 9.1
Spektralfolie bzw. „Twinky" oder optisches Gitter	▶ Abschn. 9.12
Spiegelfliesen, möglichst Acrylspiegel, ca. DIN A5	▶ Abschn. 9.4 und 9.6
Spielfiguren, ca. 5 cm hoch	▶ Abschn. 9.2, 9.3, 9.6 und 9.10
Taschenlampe (oder Schreibtischlampe)	▶ Abschn. 9.1, 9.10 und 9.12
Teelichte	▶ Abschn. 9.5
Wäscheklammern zum Aufstellen von Spiegeln, Glasscheiben und Beobachtungsschirmen	▶ Abschn. 9.2, 9.4, 9.5, 9.6 und 9.10

Allgemeine Hinweise zur Vorbereitung

1. In den Tabellen zu den einzelnen Experimenten haben wir unter dem Stichwort „Umgebung" vermerkt, wenn eine **Verdunklungsmöglichkeit** erforderlich ist. Falls keine Rollläden vorhanden sind, sollte für die betreffenden Experimente eine dunkle Raumecke aufgesucht werden, oder eine Verdunklung muss z. B. mit Tüchern oder Decken, die über einen Tisch gelegt werden, improvisiert werden.

2. Als Lichtquellen für zahlreiche der Experimente eignen sich z. B. Glühlampen (3,5 V/200 mA) mit E10-Gewinde in Fassungen, die mit Kabeln und Krokodilklemmen an 4,5-Volt-Flachbatterien oder an zwei bis drei in Reihe geschaltete AA-Batterien (Batteriehalter) angeschlossen werden, so, wie wir sie in den Experimenten zu elektrischen Stromkreisen verwendet haben. Neben weißen Glühlampen sind für die Anschlusswerte 3,5 V/200 mA auch farbige Ausführungen erhältlich. Als Fassungen sollten möglichst Modelle verwendet werden, die es erlauben, die Glühlampen senkrecht und sicher hinstellen zu können (siehe ◘ Abb. 9.1a). Um die Krokodilklemmen bequem anschließen zu können, haben wir an die Fassungen zusätzlich Lötösen geschraubt (siehe ◘ Abb. 9.1b).

3. Als optische Linsen eignen sich Konkavlinsen mit Brennweiten um 5 cm. Die kurze Brennweite ermöglicht kompakte Experimentieraufbauten und helle Bilder. Lupen kommen hierfür in Frage; einer Brennweite von 5 cm entspricht dann etwa ein Vergrößerungsfaktor von 5. Wir hatten einige Mühe, preisgünstige Fassungen für die Linsen zu beschaffen. Schließlich fanden wir bei einem Hersteller von technischem Spielzeug eine kleine Fassung, für die wir dann passende Linsen mit einer Brennweite von 4 cm bei einem Linsenvertrieb gekauft haben. In ◘ Abb. 9.2 ist dargestellt, wie Linse, Fassung und Bodenplatte zusammengebaut werden müssen.

4. Spiegel und Beobachtungsschirme (z. B. Spiegelfliesen oder Bierdeckel) lassen sich mit angeklemmten Wäscheklammern als Füße senkrecht auf ebene Flächen stellen.

9

9.1 Schattenbilder erzeugen und erleben

Fachliche Inhalte	Entstehung von Schatten, Abhängigkeit der Größe und Lage des Schattens von der relativen Position von Lichtquelle, Gegenstand und Beobachtungsfläche
Material	Schreibtischlampe oder Taschenlampe, Papier (DIN A3), Kreppband, Schere, Farbstifte
Umgebung	Beliebiger Raum; möglichst dunkle Umgebung
Sprachanlass/ sprachliche Möglichkeiten	Persönliches, Schatten Wie heißt Du? Ich heiße… Woher kommst Du? Wo bist Du zu Hause? Ich komme aus… Woher kennst Du Schatten? Wo hast Du Schatten schon einmal gesehen? An der Wand, auf dem Boden, im Keller,… Geschichte(n) erzählen und nachspielen

Kennenlernspiel   In der ersten Begegnung mit dem Thema Licht kann man spielerisch starten: Die Kinder erzeugen Schattenbilder von sich (am besten im Profil). Dazu wird mit dem Kreppband ein Blatt Papier (etwa im Format DIN A3) an eine Wand geheftet, ein Kind setzt oder stellt sich davor und ein anderes Kind beleuchtet die Szene mit einer Schreibtischlampe oder einer Taschenlampe. Auf dem Papier soll das Schattenprofil des Kindes vollständig sichtbar werden. Die Profillinie wird von einem Beobachterkind nachgezeichnet. Danach tauschen sie die Rollen. Mit dieser kleinen Einstiegsaktion erleben die Kinder zunächst die Abhängigkeit der Größe des eigenen Schattens vom Abstand zur Wand und zur Lichtquelle. Sie können den Schattenraum entdecken. Beim Nachzeichnen

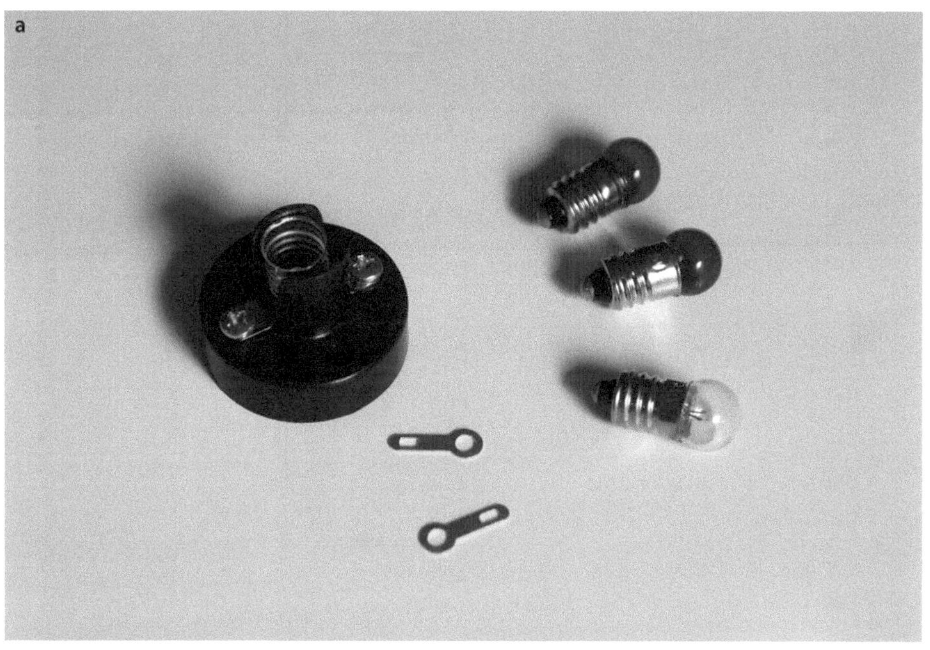

◘ Abb. 9.1   a Sockel, zwei Lötösen und Glühlämpchen, **b** Die Lötösen müssen an die Sockel für die Glühlämpchen geschraubt werden

der Profillinie üben sie, genau zu beobachten und sich zu konzentrieren. In ◘ Abb. 9.3 ist zu sehen, wie Studierende der ENSMA diese Idee selbst erproben.

Das so entstandene Bild jedes Kindes kann nun zum Gespräch und zur Erarbeitung eines individuellen „Steckbriefs" genutzt werden: Wie heißt Du? Wie wird

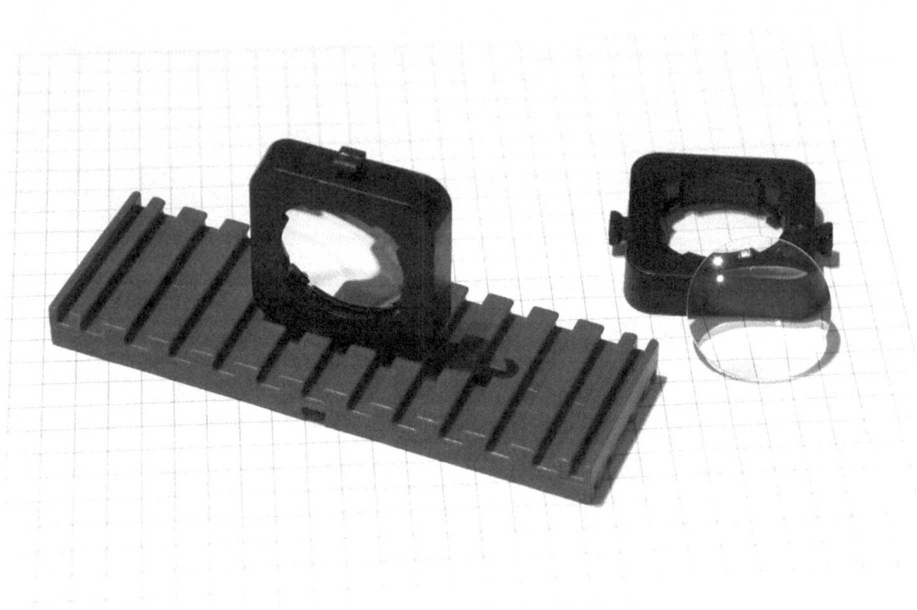

9

■ **Abb. 9.2** Die Sammellinse in die Fassung drücken und beides auf die Bodenplatte schieben

■ **Abb. 9.3** Zwei Studierende erzeugen ein Schattenbild

Dein Name geschrieben? Hier können zunächst spielerisch und zunehmend systematisch erste Erfahrungen mit optischen Phänomenen gesammelt werden.

Aufgabe (Erkundung)
Zeichne ein Schattenbild deiner Freundin/deines Freundes! Stellt Euch gegenseitig vor und beschriftet das Schattenbild mit Namen, Heimatland (-ort), Lieblingsfarbe und wo ihr den ersten Schatten selbst gesehen habt!

Aufgabe (Übung)
Kannst du mit deinen Händen Schatten erzeugen, die aussehen wie ein Baum, ein Vogel, eine Schildkröte, ein Schmetterling…?

Aufgabe (Erkundung)
Kannst du einen lustigen Schatten erzeugen?

Aufgabe (Erkundung)
Wie müssen Lampe, Person und Wand zueinander stehen, damit der Schatten möglichst klein bzw. groß wird? Fertige eine Skizze an!

Schattenspiele Je nach Gegebenheiten vor Ort und verfügbarem Material können weitere Spiele mit Schatten gespielt werden: Schattenraten (Schatten werden auf ein aufgehängtes weißes Tuch projiziert, die Kinder beobachten von der Rückseite und erraten den schattenwerfenden Gegenstand), Schattentheater mit gebastelten Figuren oder weiteren Gegenständen und/oder vorgegebenen Formen und einer Geschichte. Anschließend kann man dazu motivieren, Schatten genauer zu untersuchen.

9.2 Schatten einer Punkt-Lichtquelle, Schattenbilder von Gegenständen erzeugen

Fachliche Inhalte	Entstehung von Schatten, Abhängigkeit der Größe und Lage des Schattens von der relativen Position von Lichtquelle, Gegenstand und Beobachtungsschirm
Material	Punkt-Lichtquelle (kleine weiße Glühlampe in einer Fassung), 2 Kabel mit Krokodilklemmen, Batterie, kleiner Gegenstand (z. B. Spielfigur), Beobachtungsschirm (z. B. mit Wäscheklammern aufgestellter Bierdeckel)
Umgebung	Beliebiger Raum; möglichst dunkle Umgebung
Sprachanlass/ sprachliche Möglichkeiten	Vokabeln zu Phänomenen: Licht, Schatten, Gegenstand (Figur), Abstand, nah, entfernt, groß, klein, dunkel, hell, … Passende Worte aus einer Wortliste suchen Passende Wortkarten finden

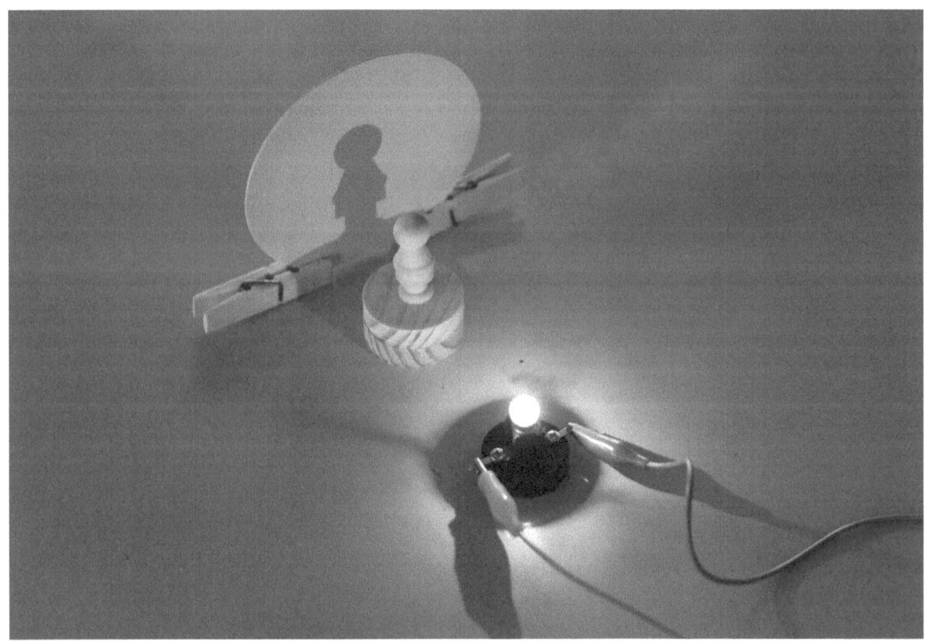

◘ **Abb. 9.4**   Schatten einer Punkt-Lichtquelle

Hier können zunächst spielerisch und zunehmend systematisch weitere Erfahrungen mit dem optischen Phänomen Schatten gemacht werden. Wie in ◘ Abb. 9.4 zu sehen ist, lassen sich die Schatten mit dem empfohlenen Material auch auf engem Raum gut erzeugen.

Aufgabe (Rezept und Erkundung)
Erzeuge mit einer Glühlampe den Schatten einer Figur auf dem Beobachtungsschirm! Verschiebe erst die Figur und beobachte genau, wie sich der Schatten verändert! Verschiebe dann die Glühlampe und beobachte wieder genau!

Aufgabe (Dokumentieren und Erklären)
Zeichne Deine Beobachtungen auf! Versuche die Beobachtungen zu erklären!

In Gesprächen über die Beobachtungen lässt sich die Idee der strahlenförmigen Ausbreitung von Licht anwenden. Veränderungen der relativen Position von Lichtquelle, Gegenstand und Beobachtungsschirm können gezielt auf ihre Auswirkung auf Position und Größe des Schattens untersucht werden. Eine Wortliste hilft, das Gelernte zu festigen. Gute Erfahrungen liegen hierzu aus der Arbeit mit Flüchtlingskindern vor.

9.3 Schatten zweier Lichtquellen

Fachliche Inhalte	Unterscheidung von Teilschatten (Halbschatten) und Kernschatten, Veränderung der Schattenbereiche durch Verschiebung der Komponenten des Experiments
Material	2 Punkt-Lichtquellen (2 kleine Glühlampen in Fassungen, auch verschiedenfarbig), 4 Kabel mit Krokodilklemmen, Flachbatterie, kleiner Gegenstand (z. B. Spielfigur), kleiner Holzsockel, Beobachtungsschirm (z. B. mit Wäscheklammern aufgestellter Bierdeckel), Zeichenpapier, Farbstifte
Umgebung	Beliebiger Raum; möglichst dunkle Umgebung
Sprachanlass/ sprachliche Möglichkeiten	Beobachtungen beschreiben: Was passiert, wenn zwei Lampen einen Gegenstand beleuchten? Was verändert sich, wenn Lampen oder Gegenstände verschoben werden? Vokabeln zu Phänomenen: Halbschatten, Kernschatten Erfahrungen mit Halbschatten und Kernschatten z. B. im Stadion, unter Straßenlaternen, im Raum mit mehreren Lampen Spiele mit mehreren Lampen

Die Schattenphänomene werden bei Verwendung zweier Lichtquellen deutlich komplexer. Es entsteht der Eindruck, als käme es bei Überlagerung zweier flauer Schatten, also zweier Halbschatten zur Ausbildung eines kräftigen Schattens (siehe ◘ Abb. 9.5).

Eine physikalisch zutreffendere Beschreibung lässt sich besonders gut finden, wenn verschieden farbige Glühlampen wie in ◘ Abb. 9.6 verwendet werden: Hier gelangt nur das rote Licht auf den Schirm, für das grüne Licht steht die Figur im Weg, dort gelangt weder das Licht der roten, noch das Licht der grünen Lampe hin.

◘ **Abb. 9.5**   Mit zwei Lichtquellen werden Kern- und Halbschatten erzeugt

■ **Abb. 9.6**   Farbige Lampen führen zu farbigen Schatten

Entsprechend kann es sinnvoll sein, zwischen Experimenten mit weißen Glühlampen und mit farbigen Glühlampen hin- und herzuwechseln sowie sich in die Position des Beobachtungsschirms zu begeben.

Aufgabe (Rezept, Erkundung und Erklärung)
Erzeuge mit zwei weißen Glühlampen Schatten einer Figur auf dem Beobachtungsschirm! Verschiebe die Figur und die Glühlampen und beobachte genau, wie sich die Schatten verändern! Versuche die Beobachtungen zu erklären!

Aufgabe (Erkundung und Erklärung)
Wiederhole die Experimente mit zwei verschiedenfarbigen Glühlampen und erkläre deine Beobachtungen!

Aufgabe (Dokumentation)
Zeichne oder beschreibe deine Beobachtungen!

Aufgabe (Erkundung)
Was passiert mit den Schatten, wenn du die Glühlampen anhebst?

> **ⓘ Hinweis**
>
> Es kann sinnvoll sein, das Experiment mit den weißen Glühlampen mit den Kindern als beleuchtete Personen vor einer Wand nachzustellen. Mehrere Taschenlampen sollten vorhanden sein. So ist die Generalisierung der Erkenntnisse einfacher.

9.4 Spiegelverkehrtes Nachzeichnen einer Figur

Fachliche Inhalte	Einblicke in merkwürdige Eigenschaften der Spiegelwelt: Bewegungen auf den Spiegel zu oder von ihm weg werden im Spiegelbild umgekehrt
Material	Spiegel von ca. 20 cm Länge und Breite (z. B. Spiegelfliese, sicherer sind die aus Acryl) mit 2 Wäscheklammern als Halterung, auf Papier aufgezeichnete Figur oder Fahrbahn (z. B. doppelwandiger Stern oder Kreis), Pappe oder Zeichenblock (DIN A5) als Sichtschutz mit 2 Wäscheklammern als Halterung
Umgebung	Beliebiger Raum; auch im Freien, am besten auf dem Tisch
Sprachanlass/sprachliche Möglichkeiten	Ausdrücken von überraschenden Erfahrungen, Beobachtungen beschreiben

Dieses Experiment zeigt sehr deutlich die Andersartigkeit der Welt im Spiegel. Das Nachfahren eines Weges mit vielen Richtungswechseln in der realen Welt wird sehr schwer, wenn man den Weg dabei wie in ◗ Abb. 9.7 nur in der virtuellen Spiegelwelt beobachtet. Bewegungen auf den Spiegel zu oder von ihm weg werden, wenn man sie im Spiegel betrachtet, gerade umgekehrt.

Das Kind, das den Versuch durchführt, setzt sich dazu am besten auf einen Stuhl an einen Tisch. Auf dem Tisch liegt ein Blatt, auf dem eine Fahrbahn bzw. eine mit einer Doppellinie begrenzte Figur aufgezeichnet ist. Hinter dem Blatt wird ein Spiegel mit einer Länge und Breite von ca. 20 cm (z. B. eine Spiegelfliese) mit zwei Wäscheklammern so aufgestellt, dass das Kind die Fahrbahn im Spiegel gut überblicken kann. Nun muss mit einem Sichtschutz verhindert werden, dass das Kind die Fahrbahn auch direkt beobachten kann. Dazu eignet sich eine kleine Wand, die ungefähr genau so groß ist wie der Spiegel. Entweder nimmt man dazu noch einmal eine Spiegelfliese oder man nutzt eine Pappe oder ein Buch, das man dazwischen stellt. Dann kann es losgehen.

Aufgabe (Rezept und Beobachtung)

Lege die auf das Blatt gedruckte Figur so hin, dass du sie nur im Spiegelbild sehen kannst! Zeichne sie mit einem Buntstift nach! Was kannst du beobachten?

Aufgabe (Erkundung)

Versuche herauszufinden, was die Aufgabe so schwierig macht!

9

Abb. 9.7   Das Nachzeichnen einer Figur im Spiegelbild ist überraschend schwierig

Aufgabe (Erkundung und Bewertung)

Zeichne eine Figur, die man im Spiegelbild ganz leicht nachzeichnen kann, und eine, die besonders schwierig ist!

So einfach die Versuchsanordnung und die Aufgabenstellung erscheinen mögen, so groß ist die Verwunderung über die Schwierigkeiten, die sich ergeben. Erfahrungsgemäß sind Kinder aller Altersstufen und auch Erwachsene von diesem spielerischen Experiment begeistert.

🛈 Tipp

Man kann das Experiment ausbauen, indem man wettbewerbsmäßig auf Zeit zeichnet und für das Verlassen der Fahrbahn Strafsekunden vergibt. Oder man kann die Kinder ermuntern, selbst Fahrbahnen zu entwerfen.

Aufgabe (Erkundung)

Zeichne selbst verschiedene Fahrbahnen auf ein Blatt und lasse sie von einem anderen Kind in der Spiegelwelt nachfahren!

9.5 Bilder am halbdurchlässigen Spiegel

Fachliche Inhalte	Kenntnisse über den Ort des (virtuellen) Bildes, das durch einen Spiegel erzeugt wird
Material	Glasscheibe (sicherer Acrylglasscheibe) mit 2 Wäscheklammern als Halterung, weiße Glühlampe mit Fassung, 2 Kabel mit Krokodil-klemmen, Batterie, Glühlampe mit Fassung ohne Batterie (oder zwei Teelichte), Zeichenpapier DIN A4, Farbstifte
Umgebung	Beliebiger Raum; möglichst dunkle Umgebung
Sprachanlass/sprachliche Möglichkeiten	Vokabeln zu Phänomenen: Virtuelles Bild Beobachtung und besondere Eigenschaft des virtuellen Bildes beschreiben, Versuch erklären

Glasscheiben (oder auch Acryglasscheiben) lassen sich gut als halbdurchlässige Spiegel nutzen, um interessante Phänomene zu beobachten und zu untersuchen. So sieht man beispielsweise, wie die Kinder in ◗ Abb. 9.8a und 9.8b das Spiegelbild eines Teelichts suchen und dann erkennen, dass es sich scheinbar hinter der Glasscheibe in exakt dem gleichen Abstand wie das Original befindet.

Aufgabe (Rezept und Beobachtung)

Betrachte das Bild einer leuchtenden Glühlampe in der Glasscheibe! Verschiebe auf der gegenüberliegenden Seite der Scheibe eine nicht leuchtende Glühlampe so lange, bis das Bild der leuchtenden Lampe genau die Position der nichtleuchtenden Glühlampe einnimmt!

Aufgabe (Dokumentation)

Zeichne die Anordnung der beiden Lampen!

Dieses Experiment macht deutlich, dass das virtuelle Bild eines Gegenstandes, hier der Glühwendel einer Lampe, genau auf der Lotgeraden durch den Gegenstand auf der gegenüberliegenden Seite des Spiegels im selben Abstand entsteht.

🛈 Tipp

Besonders eindrucksvoll ist das Experiment, wenn man anstelle der Glühlampen eine brennende und eine nicht brennende Kerze verwendet. Es entsteht durch das Spiegelbild die Illusion, dass beide Kerzen brennen. Stellt man die nicht brennende Kerze in ein Glasgefäß, kann man die Kerze mit Wasser fluten, „ohne dass die Flamme erlischt".

Das Phänomen ist so beeindruckend, dass es sich lohnt, es zu skizzieren (siehe ◗ Abb. 9.9).

9

◘ **Abb. 9.8**   **a** Die Kinder suchen das Spiegelbild des Teelichts, **b** Das Spiegelbild erscheint hinter der Glasscheibe in genau dem gleichen Abstand

◙ Abb. 9.9   Straßenkinder skizzieren ihre Beobachtung am halbdurchlässigen Spiegel

9.6 Kaleidoskop und Unendlichkeit

Fachliche Inhalte	Kenntnisse über das Entstehen von Spiegelbildern, insbesondere von Mehrfachspiegelungen
Material	3 Spiegel, Glasplatte (sicherer Acrylglasplatte) mit 6 Wäscheklammern als Halterungen, weiße Glühlampe mit Fassung, 2 Kabel mit Krokodilklemmen, Batterie, Lichterkette, kleiner Gegenstand (z. B. Spielfigur)
Umgebung	Beliebiger Raum; auch im Freien
Sprachanlass/ sprachliche Möglichkeiten	Vokabeln zu Phänomenen: Kaleidoskop, Spiegelungen, Unendlichkeit, Mehrfachspiegelungen Bilder zählen, Konstruktionsaufgaben und Zusammenhänge formulieren Koordinationsspiele mit Spiegeln

Aus den Spiegeln und der Glasplatte kann man durch das Anordnen hintereinander den Eindruck von Unendlichkeit erzeugen (siehe ◙ Abb. 9.10). Legt man zwei Spiegel wie in ◙ Abb. 9.11 aneinander, erscheint eine einzelne Figur in diesem Winkelspiegel vervielfacht. Die Anzahl der Spiegelungen ist vom Winkel zwischen den Spiegeln abhängig. Durch Formen eines gleichseitigen Dreiecks entsteht wie in ◙ Abb. 9.12 ein Kaleidoskop. Ein Gegenstand im Inneren erscheint mehrfach gespiegelt.

◘ **Abb. 9.10**   Eine Glühlampe zwischen einem Spiegel und einer Glasscheibe wird vielfach gespiegelt, es entsteht der Eindruck von Unendlichkeit

◘ **Abb. 9.11**   Eine Figur wird im Winkelspiegel vervielfacht

◨ Abb. 9.12   Drei Spiegel bilden ein Kaleidoskop

Aufgabe (Rezept und Erkundung)
Stelle zwei Spiegel im Winkel zueinander auf und stelle zwischen sie deine Spielfigur! Wie oft kannst du die Figur sehen?

Aufgabe (Erkundung)
Verändere den Winkel zwischen den Spiegeln! Was kannst du beobachten?

Aufgabe (Beobachtung)
Was passiert, wenn du einen dritten Spiegel kombinierst?

Aufgabe (Erkundung und Problemlösung)
Versuche mit einem Spiegel und einer Acrylglasplatte möglichst viele Spiegelbilder einer kleinen Lichterkette oder einer Glühlampe zu erzeugen!

Aufgabe (Erklärung)
Warum werden die Lichter nach hinten immer dunkler?

❶ Tipp

Hier lässt sich mit den vorhandenen Spiegeln auch „um die Ecke" oder in verborgene Winkel schauen (Prinzip des Periskops). Man kann auch Licht einer Taschenlampe „lenken" und damit Bilder in dunklen Ecken beleuchten. Spielen Sie mit den Kindern!

9.7   Beobachtung von Gegenständen durch einen Wasserzylinder

Fachliche Inhalte	Brechung von Licht beim Durchgang durch transparente Materialien beobachten
Material	Mit Wasser gefüllter, durchsichtiger, zylindrischer Becher, Buntstift oder Papier mit aufgemaltem waagerechtem dickem Pfeil
Umgebung	Beliebiger Raum; auch im Freien
Sprachanlass/sprachliche Möglichkeiten	Beobachtungen beschreiben und erklären Eine kleine Vorführung vorbereiten und realisieren

Licht wird beim Durchgang durch den mit Wasser gefüllten Becher gebrochen. Der gefüllte Becher wird dadurch zur Zylinderlinse, deren Brennebene nahe an der Becherwand liegt. Bei hinreichendem Abstand der Gegenstände hinter dem Becher (größer als die einfache Brennweite), erscheinen diese – durch den Becher betrachtet – seitenverkehrt (siehe ◧ Abb. 9.13) und horizontale Bewegungen scheinen in entgegengesetzter Richtung abzulaufen. Innerhalb der einfachen Brennweite (also nahe am Becher) wird das Bild nicht umgedreht und der Gegenstand wird „nur" vergrößert (Lupe).

Aufgabe (Rezept und Erkundung)

Wenn man durch einen mit Wasser gefüllten Becher einen Buntstift betrachtet, der waagerecht hinter den Becher geführt wird, dann kann man den Stift entweder vergrößert, oder auch plötzlich aus der anderen Richtung kommend sehen. Führe den Versuch durch und finde heraus, wann was passiert!

Aufgabe (Erklärung)

Kannst du deine Beobachtung erklären?

Aufgabe (Präsentation)

Führe das Experiment unter der Bezeichnung „Zaubertrick mit Wasserbecher" deinen Freunden vor.

❶ Tipp

Das Experiment kann durch weitere Brechungsversuche ergänzt werden. Dazu kann man verschiedene Blickwinkel einnehmen und Gegenstände durch das Wasser

◘ Abb. 9.13 Ein Buntstift befindet sich hinter dem Wasserglas, seine Spitze zeigt nach links. Für den Beobachter, der ihn durch das Wasserglas betrachtet, zeigt sie jedoch nach rechts

hindurch betrachten. Neben der Linsenwirkung kann man auch Totalreflexion und optische Hebung beobachten. Einige Beispiele:

- ein Blatt kariertes Papier durch den Becher betrachten und verdrehen,
- einen in den Wasserbecher gestellten Glasstab aus verschiedenen Richtungen betrachten,
- kariertes Papier unter den Becher legen und von oben und von der Seite betrachten,
- einen aufgemalten Stern verschwinden lassen.

Aus diesen Experimenten lässt sich leicht eine kleine Zaubershow arrangieren. Viel Spaß dabei!

9.8 Experimente mit Glasstab (Zylinderlinse)

Fachliche Inhalte	Brechung von Licht beim Durchgang durch transparente Materialien
Material	Glasstab oder Acrylglasstab, kariertes Papier, Stifte, ein Textbeispiel in sehr kleiner Schrift, Arbeitsblatt „Die HEXE zaubert" (Quelle: Website ► http://physik-patio13.de)
Umgebung	Beliebiger Raum; auch im Freien
Sprachanlass/sprachliche Möglichkeiten	Überraschende Symmetrien Worte erkennen und üben, Worte schreiben und Texte nutzen

Bei diesen Experimenten geht es noch einmal um die Eigenschaften einer Zylinderlinse. Der Unterschied besteht darin, dass die Linse diesmal aus Glas ist und deswegen auch hingelegt werden kann. (Mit einem wassergefüllten Reagenzglas lassen sich die gleichen Effekte erzielen.) In ◨ Abb. 9.14 ist zu sehen, dass ein Glasstab Buchstaben umdreht. Bei achsensymmetrischen Buchstaben und Zeichen ist dies jedoch nicht zu erkennen. In ◨ Abb. 9.15, einem Ausschnitt eines Arbeitsblatts zu diesem Experiment, sind achsensymmetrische Zeichen und Worte farbig hervorgehoben.

Bei diesen Experimenten können die Kinder das genaue Beobachten üben.

Aufgabe (Rezept und Erkundung)

Hier kannst Du mit einem physikalischen Phänomen Worte „verzaubern". Betrachte die Schrift im Arbeitsblatt „Die HEXE zaubert" durch einen Glasstab! Bearbeite die Aufgaben und beobachte, wie sich die Worte verändern! Verändere den Abstand des Glasstabes vom Blatt.

Aufgabe (Erklärung)

Erkläre, warum sich manche Worte verändern und andere nicht.

9

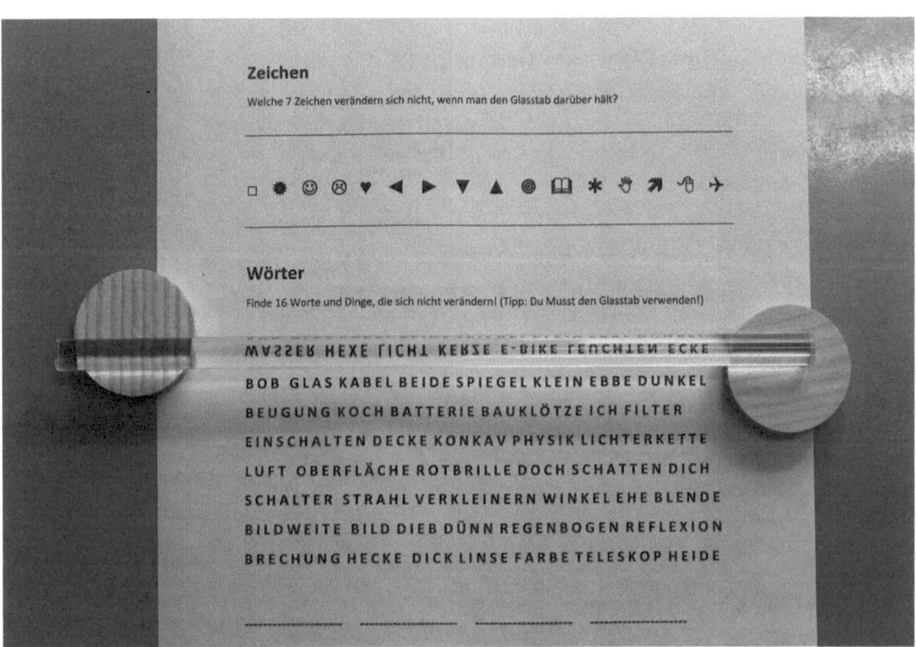

◨ **Abb. 9.14**   Ein Glasstab als Zylinderlinse dreht Buchstaben um. Bei achsensymmetrischen Buchstaben ist dies jedoch nicht zu erkennen

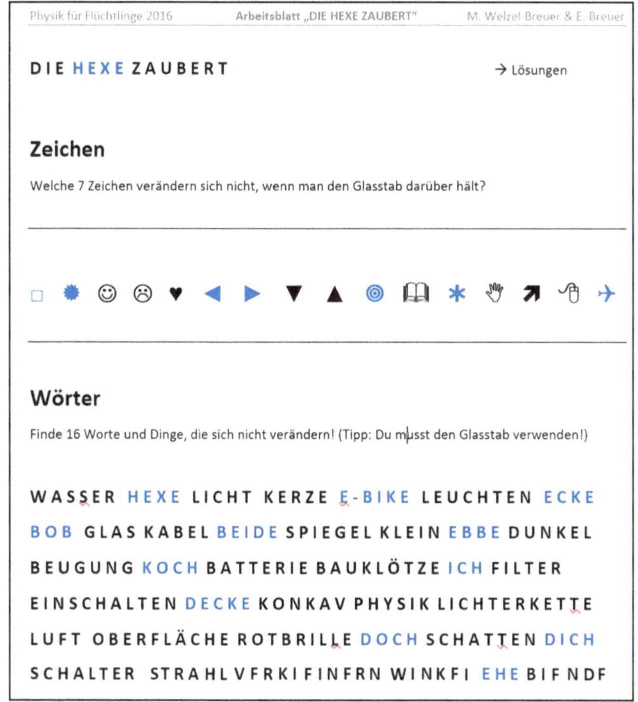

▣ Abb. 9.15   Die farbig gedruckten Zeichen und Worte im Arbeitsblatt „Die HEXE zaubert" sind achsensymmetrisch und erscheinen durch den Glasstab unverändert

9.9 Wasserlinsen – Lupe

Fachliche Inhalte	Lupe, und Linse als Produzenten von Bildern, Schärfebereich der Abbildung, Vergrößern und Verkleinern
Material	Transparente Kunststofffolie (Tüte oder Klarsichthülle oder Acrylglasscheibe), etwas Wasser (um Tropfen zu erzeugen), kariertes Papier, Stifte, kleine, fein strukturierte Gegenstände, kleine Schrift (evtl. Arbeitsblatt mit Leseprobe)
Umgebung	Beliebiger Raum; auch im Freien
Sprachanlass/sprachliche Möglichkeiten	Vokabeln zu Phänomenen: Vergrößerung, Verkleinerung Beschreiben und Erklären von Phänomenen, Beobachtungen im Alltag

Wassertropfen auf einer Folie können als Lupen verwendet werden.

Aufgabe (Erkundung)

Lege mit dem Finger einen einzelnen Wassertropfen auf eine Kunststofffolie oder die Acrylglasscheibe und betrachte feine Gegenstände und Texte durch diesen Tropfen! Verändere den Abstand des Tropfens vom betrachteten Gegenstand und beobachte die Veränderungen!

Aufgabe (Rezept und Erkundung)

Setze neben deinen Tropfen einen kleineren und einen noch größeren Tropfen Wasser! Betrachte die gleichen Zeichen durch die verschiedenen Tropfen. Kannst Du Unterschiede erkennen?

Aufgabe (Dokumentation)

Zeichne auf oder beschreibe genau, was du beobachten kannst.

Aufgabe (Erkundung und Erklärung)

Hast Du schon einmal beobachtet, dass Regentropfen an der Fensterscheibe immer oben dunkel und unten hell sind? Probiere es aus und versuche eine Erklärung dafür zu finden, warum das so ist!

9.10 Abbilden mit Linsen

Fachliche Inhalte	Abbilden mit Linsen, Bildentstehung an der Sammellinse, Schärfebereich der Abbildung, Vergrößern und Verkleinern
Material	Leuchtendes Objekt (z. B. farbige Glühlampe oder Anordnung aus verschieden farbigen Glühlampen, Kabel mit Krokodilklemmen und Flachbatterie), Konvex-Linse in Fassung bzw. Lupe mit Sockel (Brennweite möglichst ca. 5 cm), Beobachtungsschirm (z. B. mit Wäscheklammern aufgestellter Bierdeckel), kleiner Gegenstand (z. B. Spielfigur), Taschenlampe
Umgebung	Beliebiger Raum; möglichst dunkle Umgebung
Sprachanlass/sprachliche Möglichkeiten	Beschreiben der Phänomene und deren Veränderungen Fachbegriffe: Sammellinse, konvex

Linsen beziehungsweise Linsensysteme werden in optischen Geräten zur Erzeugung reeller Bilder genutzt. Man denke beispielsweise an Projektoren (wie Overheadprojektoren oder Beamer) und Kameras.

Beim Experimentieren mit Konvexlinsen (Sammellinsen, wie zum Beispiel Lupen) können Kinder Erfahrungen mit zentralen Eigenschaften dieser optischen Geräte sammeln. Wie in ◘ Abb. 9.16 lassen sich Landschaften auf Papier oder einer Wand abbilden und mit viel Fingerspitzengefühl und ruhiger Hand genauer untersuchen. Die Größe der Bilder ist dabei abhängig vom Abstand des abzubildenden Gegenstandes zur Linse. Mal entstehen kleinere, mal größere Bilder. Im Folgenden sollen diese Phänomene und Zusammenhänge schrittweise erkundet werden.

❗ Tipp

Um gute Bilder zu erhalten, sollte sich der Beobachtungsschirm im Schatten befinden. Ist dies nicht der Fall, hebt sich das Bild nicht genug vom zu hellen Hintergrund ab.

◨ Abb. 9.16   Mit einer Sammellinse kann man die Landschaft auf einem weißen Blatt Papier abbilden

● Für Abbildungen an der Sammellinse gilt
Damit überhaupt ein scharfes Bild entstehen kann, muss der Abstand des abzubildenden Gegenstands von der Linse mindestens so groß wie die Brennweite der Linse sein.
Ein **vergrößertes Bild** entsteht immer, wenn sich der Gegenstand zwischen der einfachen und der doppelten Brennweite der Linse befindet. Das scharfe Bild ist dann außerhalb der doppelten Brennweite auf der anderen Seite der Linse.
Ein **verkleinertes Bild** entsteht immer, wenn sich der Gegenstand außerhalb der doppelten Brennweite der Linse befindet. Das scharfe Bild ist dann zwischen der einfachen und der doppelten Brennweite auf der anderen Seite der Linse.
Eine 1:1-Abbildung (das Bild ist genauso groß wie der Gegenstand) ergibt sich insbesondere dann, wenn ein Gegenstand in eine Entfernung von der Linse gebracht wird, die der doppelten Brennweite entspricht. Das scharfe Bild erhält man dann bei gleichem Abstand des Beobachtungsschirms von der Linse.

Dem Experimentieren sind kaum Grenzen gesetzt. In der ◨ Abb. 9.17 kann man erkennen, dass das Bild der grünen Lampe, die vorne links steht, hinten rechts auf dem Schirm (im roten Bereich) erscheint. Das Bild der roten Lampe ist dagegen links auf dem Schirm (im grünen Bereich) zu sehen. Bei genauem Hinsehen kann man auch erkennen, dass beide Bilder auf dem Kopf stehen.

■ Abb. 9.17   Die Sammellinse erzeugt ein auf dem Kopf stehendes und seitenverkehrtes Bild der farbigen Glühlampen

9

Aufgabe (Erkundung)
Wenn du den Beobachtungsschirm und eine farbige Glühlampe in etwa 30 bis 40 cm Entfernung voneinander aufstellst, kannst du mit der Linse sowohl ein scharfes verkleinertes als auch ein scharfes vergrößertes Bild der Glühlampe (bzw. Glühwendel) auf dem Beobachtungsschirm erzeugen. Probiere es aus! Wann entsteht das verkleinerte und wann das vergrößerte Bild?

Aufgabe (Erkundung)
Diese Aufgabe ist sehr schwierig und am besten in dunkler Umgebung zu realisieren: Beleuchte eine kleine Spielfigur von der Seite mit einer Taschenlampe! Erzeuge dann einmal ein möglichst großes und einmal ein möglichst kleines Bild der Spielfigur auf dem Beobachtungsschirm!

❶ Tipp
Je größer man den Abstand zwischen dem Gegenstand und der Linse einstellt, desto kleiner wird das Bild. Das Bild wird dagegen besonders groß, wenn sich dieser Abstand der Linsenbrennweite annähert.

Aufgabe (Erkundung)
Betrachte einen Gegenstand einmal mit dem bloßen Auge und dann mit der Sammellinse (Lupe)! Unter welchem Abstand kannst du den Gegenstand jeweils scharf sehen? Lasse dir beim Betrachten und Messen von einem Freund helfen!

Durch ihre kleine Brennweite wirkt die von uns verwendete Linse als starke Lupe. Hält man sie direkt an das Auge, kann man nun entspannt Gegenstände im Abstand der Brennweite, also im Abstand von etwas mehr als 4 cm betrachten. Ohne Lupe liegt der Mindestabstand für entspanntes Sehen bei rund 25 cm. Die Linse von 4 cm als Lupe erlaubt damit, Gegenstände ungefähr 6fach vergrößert zu betrachten.

9.11 Verschiedene Typen von Fernrohren

Fachliche Inhalte	Linsenanwendungen kennen lernen, Unterschiede von Fernrohren kennen
Material	Verschiedene Fernrohre: Galilei-Teleskop, Kepler-Teleskop, Fernglas
Umgebung	Freiland
Sprachanlass/sprachliche Möglichkeiten	Beobachtungen beschreiben und miteinander vergleichen

Das Betrachten von Landschaften, Bäumen und Gebäuden mit verschiedenen Fernrohren, wie es in ◗ Abb. 9.18 zu sehen ist, kann den Kindern im Anschluss an Experimente mit Linsen eine wichtige Anwendung von optischen Linsen näherbringen.

◗ **Abb. 9.18** Ein Junge betrachtet den Himmel mit einem Fernrohr

Generell haben Straßenkinder weniger Erfahrungen mit Fernrohren und Ferngläsern als Kinder aus gewöhnlichen Familienzusammenhängen. Zusätzlichen Anreiz kann man erzielen, wenn stark unterschiedliche Fernrohrtypen mit unterschiedlichen Gesichtsfeldern, Vergrößerungen und Abbildungsqualitäten zur Verfügung stehen. Ein etwas befremdendes Moment tritt hinzu, wenn auch ein Keplerfernrohr zur Verfügung steht, das alles kopfstehend darstellt.

Aufgabe (Erkundung)

Schaue verschiedene Objekte in der Umgebung mit unterschiedlichen Fernrohren an! Welche Unterschiede kannst du bei den Fernrohrtypen feststellen?

❗ Hinweis

Eine preiswerte Möglichkeit, verschiedene Fernrohrtypen zu erhalten, besteht darin, Funktionsmodelle aus Pappe zu bauen. Sehr einfache astronomische Fernrohre und Prismenferngläser sind für wenig Geld im Handel erhältlich.

9.12 Erkunden von Lichtquellen mit Spektralfolie

Fachliche Inhalte	Licht als Spektrum verschiedener Farben erkennen, Spektren verschiedener Lichtquellen miteinander vergleichen, Beziehung zum Regenbogen herstellen
Material	Spektralbrille oder Lochscheibe mit Spektralfolie („Twinky") bzw. optisches Gitter, verschiedene Lichtquellen (Glühlampen, Lichterkette), vorhandene Raumbeleuchtung (z. B. Leuchtstofflampen), farbige und weiße Leuchtdioden, ggf. Kerzen, Zeichenpapier, Farbstifte
Umgebung	Beliebiger Raum; möglichst dunkle Umgebung
Sprachanlass/sprachliche Möglichkeiten	Beobachtung und Beschreibung von Spektren, sichtbare Farben, Reihenfolge der Farben, Regenbogen

Ein Blick durch ein optisches Gitter (wie das „Twinky") beispielsweise auf eine weiße Lichtquelle vermittelt ein eindrucksvolles Farberlebnis (siehe ◨ Abb. 9.19). Unterschiedliche Lichtquellen können unterschiedliche Spektren erzeugen. Dies eröffnet die Möglichkeit, erste Ideen zur Spektralanalyse zu vermitteln.

Das Licht wird durch die Beugung am Gitter in seine Spektralfarben zerlegt. Es können grundsätzlich unterschiedliche Arten von Lichtspektren wahrgenommen werden: Kontinuierliche Spektren über den ganzen sichtbaren Bereich von Violett bis Rot bei Glühlampen und Kerzen, Linienspektren und Bandenspektren (verbreiterte Linien) bei Gaslampen und Leuchtstoffröhren, auf einen sehr kleinen Farbbereich eingeschränkte Spektren bei farbigen Leuchtdioden.

Während Glühlämpchen und Kerzenlicht ein vollständiges kontinuierliches Spektrum aufweisen, zeigen weiße Leuchtdioden unter Umständen eine sichtbare Lücke im blauen Spektralbereich.

Abb. 9.19   Kinder beobachten durch Spektralbrillen leuchtende Kerzenflammen und eine Glühlampe

Über das Spektrum kann man damit auf die Eigenschaften der Lichtquelle schließen.

Aufgabe (Erkundung, Beobachtung und Dokumentation)

Betrachte verschiedene Lichtquellen durch das „Twinky" (bzw. mit der Spektralbrille)! Was du siehst, ist immer das Spektrum des Lichts, das du beobachtest. Beschreibe genau, wie das Spektrum der verschiedenen Lichtquellen aussieht und zeichne es auf.

Aufgabe (Erkundung)

Vergleiche die Spektren unterschiedlicher Lichtquellen miteinander.

Aufgabe (Anwendung)

Weißt du, wo man im Alltag Spektren beobachten kann?

9.13 Erkunden von Farben mit Rotbrillen

Fachliche Inhalte	Körperfarben, Farbensehen, Funktion eines Farbfilters, Bedeutung der Farbinformation beim Deuten unserer Umgebung
Material	Rotbrille oder Rotfilterfolie, jeweils einheitliche, aber unterschiedlich gefärbte Gegenstände (z. B. Bauklötze, Farbstifte), Blätter mit farbigen Bildern und Texten, Farbstifte, Zeichenpapier
Umgebung	Beliebiger Raum; auch im Freien
Sprachanlass/sprachliche Möglichkeiten	Farben, Farbwahrnehmung, Spiele zum Sortieren von farbigen Gegenständen

Für viele ist dies schon überraschend: Körperfarben (z. B. die Farben der Buntstifte und Bauklötze) entstehen dadurch, dass die beleuchteten Objekte das Licht (Sonnenlicht, Tageslicht, künstliche Beleuchtung) teilweise reflektieren und jeweils bestimmte Wellenlängenbereiche (Farben) absorbieren. Man sieht einen roten Stift also deswegen rot, weil er Farbanteile des Lichts absorbiert und nur der reflektierte Anteil als rot erscheinendes Licht in unser Auge gelangt. Farben sind Materialien, die u. a. auf Objekte aufgetragen werden und dies dann ermöglichen. Gegenstände, die blau gefärbt sind, reflektieren also blau erscheinendes Licht, rote Gegenstände reflektieren rot erscheinendes Licht. Betrachtet man Buntstifte bei Sonnenlicht, sind die unterschiedlichen Farbtöne also gut zu erkennen (siehe ◘ Abb. 9.20a).

Benutzt man farbige Brillen, z. B. mit roten Brillengläsern oder Folien, dann sieht das ganz anders aus (siehe ◘ Abb. 9.20b). Die Rotfilter der Brillen sind nur selektiv für Licht durchlässig, d. h. sie lassen vor allem nur rotes Licht in unser Auge gelangen. Wenn man nun rote Gegenstände durch ein Rotfilter anschaut, sieht man sie hell leuchten, denn das rote Licht kommt in unserem Auge an. Blaue oder grüne Gegenstände sehen dagegen sehr dunkel aus, denn sie reflektieren nur geringe Rotanteile des Sonnenlichts. Weiße Gegenstände sind von roten kaum zu unterscheiden.

Dies soll mit den folgenden Aufgaben genauer erkundet werden.

Aufgabe (Rezept, Beobachtung und Erklärung)
Lege zunächst rote, blaue, grüne und gelbe Bauklötze durcheinander auf die Arbeitsfläche! Setze die Rotbrille auf und sortiere die Bauklötze nach ihrer Farbe! Was fällt dir dabei auf? Hast du eine Idee, warum sich die Farben mit der Brille verändern?

Aufgabe (Beobachtung)
Betrachte die Buntstifte durch die Rotbrille und sortiere sie. Welche Farben sind einander ähnlich?

◨ Abb. 9.20   a Im Sonnenlicht, das alle Spektralfarben enthält, sind die verschiedenen Farben der Stifte gut zu unterscheiden. **b** Durch ein Rotfilter betrachtet lassen sich die Farben der Buntstifte nicht mehr gut unterscheiden

Aufgabe (Erkundung)
Sammle (ohne Brille) möglichst viele verschiedene grüne (blaue, gelbe, rote, weiße, lila) Gegenstände in deiner Umgebung. Betrachte sie nun durch die Rotbrille: Sehen sie alle gleich aus?

Aufgabe (Rezept und Erkundung)
Zeichne eine rote Figur auf weißes Papier und betrachte sie mit der Rotbrille. Was kannst du beobachten?

❗ Tipp
Die Aktivitäten lassen sich spielerisch erweitern und die Kenntnisse kreativ anwenden. Dazu zwei Anregungen:

- Farbenraten: Objekte oder Symbole verschiedener Farbe durch die Rotbrille betrachten und deren Farbe erraten,
- Codieren und Decodieren: ein farbiges Bild malen, in dem eine Geheimbotschaft versteckt ist, die nur mit der Rotbrille erkannt werden kann.

9

Ideen für kleine naturwissenschaftliche Projekte

10.1   Zeit – Zeitmessung – 138

10.2   Kaleidoskope bauen – 138

10.3   Sehen und Wahrnehmung – 138

10.4   Atmung – Die menschliche Lunge – 140

10.5   Pflanzenwachstum – 140

10.6   Projekte zur Fotografie – 141

10.7   Zaubern – 142

10.8   Wärmeenergie und Wärmedämmung – 142

10.9   Boote bauen – 143

10.10   Akustische Phänomene – 143

10.11   Lautsprecher bauen auf der Straße – 143

10.12   Optische Täuschungen – 143

© Springer-Verlag GmbH Deutschland, ein Teil von Springer Nature 2018
M. Welzel-Breuer, E. Breuer, *Physik (nicht nur) für Straßenkinder*,
https://doi.org/10.1007/978-3-662-57663-2_10

Im Rahmen unserer Projektaufenthalte und bei der Arbeit im Masterstudiengang Straßenkinderpädagogik in Heidelberg haben Studentinnen und Studenten verschiedene Ideen für Unterrichtsprojekte mit Straßenkindern entwickelt. Solche Projekte, die in der Regel interdisziplinäre Züge tragen, konnten die Studentinnen und Studenten in Kolumbien dann realisieren, wenn vorher schon bei ihnen selbst grundlegende Experimentiererfahrungen vorhanden waren und eine längere Zusammenarbeit bzw. Arbeit mit Straßenkindern vorgesehen war. In Heidelberg war die Entwicklung eines Unterrichtsprojektes die Voraussetzung zur Erlangung eines Leistungsnachweises im Masterstudiengang Straßenkinderpädagogik. Einige interessante Beispiele stellen wir hier kurz vor. Wir verstehen sie als Anregung für die Arbeit mit Straßenkindern, geben aber keine detaillierten Hinweise für Materialien, Unterrichtsmethoden und Aufgabenstellungen an.

10.1 Zeit – Zeitmessung

Eine Gruppe von Studierenden beschäftigte sich bei unserem Aufenthalt im Jahre 2006 mit dem Thema Zeit bzw. Zeitmessung als Unterrichtsgegenstand für Straßenkinder.

Die Studierenden wählten ein großes Fadenpendel für den Unterrichtseinstieg und tauschten sich mit den Straßenkindern über ihr Verständnis von Zeit aus. Anschließend erfolgte eine Auseinandersetzung mit unterschiedlichen Möglichkeiten der Zeitmessung. Für uns überraschend war die von den Studierenden gebaute Kerzenuhr: Eine waagerecht gelagerte Kerze brennt der Reihe nach darüber gelegte Wollfäden durch. Daran befestigte Schrauben fallen zu Boden und geben dadurch ein Zeitsignal. Neben diesen Kerzenuhren bauten die Straßenkinder unter Anleitung der Studierenden aber auch Sonnenuhren und Sanduhren aus einfachen Materialien, wie in der ◘ Abb. 10.1 zu sehen ist.

10

10.2 Kaleidoskope bauen

Wiederholt haben wir die Beobachtung gemacht, dass es für Straßenkinder ganz besonders interessant ist, etwas herzustellen, das sie nach dem Unterricht mitnehmen können. Bei unterschiedlichen Projektaufenthalten in Kolumbien haben Studierendengruppen mit Straßenkindern Kaleidoskope gebaut (siehe ◘ Abb. 10.2), eingebettet in Unterrichtseinheiten zur Optik und speziell zur Lichtreflexion am Spiegel. Gerade die fertigen Kaleidoskope wurden von den Straßenkindern als Schätze angesehen. Als problematisch erwiesen sich aus Sicherheitsgründen die in den Kaleidoskopen verbauten Glasspiegel. Wenn verfügbar, sollte hier beispielsweise auf Acrylspiegel zurückgegriffen werden.

10.3 Sehen und Wahrnehmung

Bei unserem Aufenthalt 2006 in Kolumbien entwickelte eine Gruppe von Studierenden eine Unterrichtseinheit zum Thema Auge, Sehen, Licht und Farben.

Die Studierenden haben die Einheit sehr eigenständig mit Modellen von Augen, optischen Linsen und Experimenten interaktiv erarbeitet, gestaltet und anschließend Straßenkinder unterrichtet. Sogar Ochsenaugen wurden seziert, um den prinzipiellen Aufbau des Sehapparates zu demonstrieren.

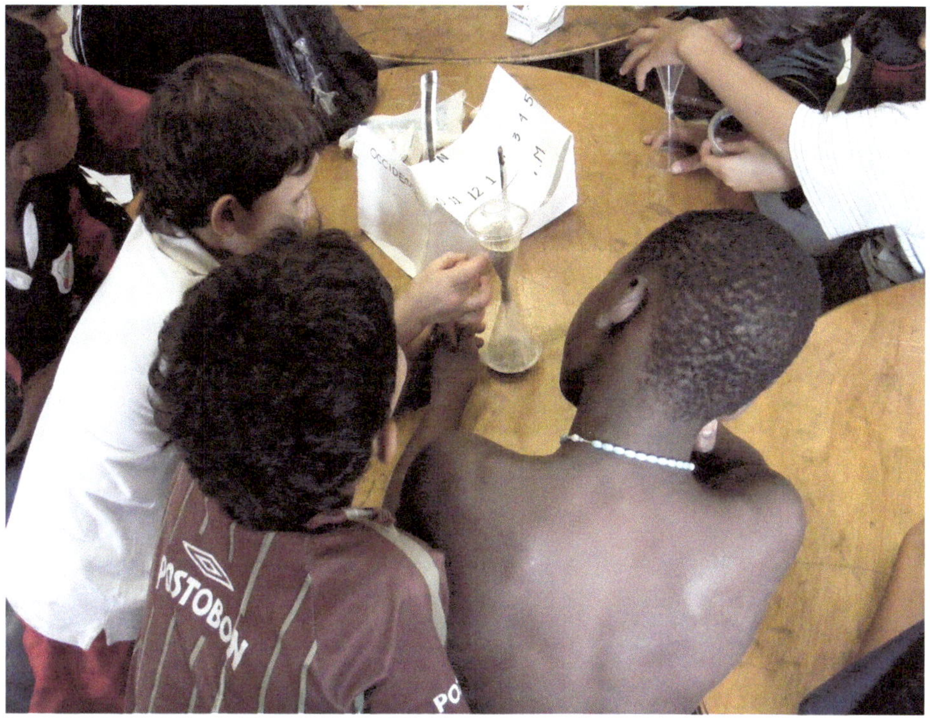

◧ **Abb. 10.1** Straßenkinder bauen und testen Sanduhren aus Plastik-Geschirr

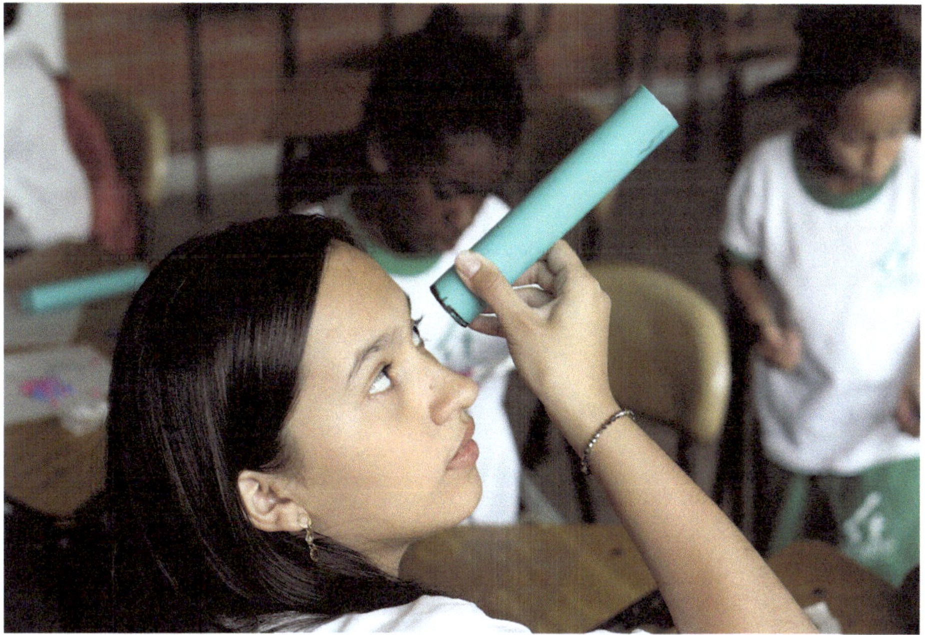

◧ **Abb. 10.2** Ein Kaleidoskop entsteht

❶ Hinweis
Im Gegensatz zu den Vorschriften in Deutschland war das Sezieren von Ochsenaugen in Kolumbien im Jahr 2006 für unterrichtliche Zwecke unproblematisch.

10.4 Atmung – Die menschliche Lunge

2008 beschäftigte sich eine unserer Studierendengruppen in Kolumbien mit dem Themenbereich „Atmung". Mit Kindern bauten sie im Rahmen einer Unterrichtssequenz zum Thema „Atmung" Modelle, die die Funktionen der Lunge veranschaulichen, sprachen über die Schädlichkeit des Rauchens und von Luftverschmutzung und führten Experimente zur Bestimmung des Atemvolumens durch, wie in ◘ Abb. 10.3 zu sehen ist.

10.5 Pflanzenwachstum

In unserem Seminar „Physik für Straßenkinder" im Rahmen des Masterstudiengangs Straßenpädagogik an der Pädagogischen Hochschule Heidelberg entwickelten im Jahr 2012 zwei Studierende (Linda Tempinski und Benjamin Brügger) ein Lernangebot mit dem Titel „Bohnen wachsen lassen" und bewegten sich damit in den Bereich der Biologie und Biophysik. Gemäß dieser Idee ziehen Kinder selbst Bohnenpflanzen

◘ Abb. 10.3   Kinder in Las Granjas Infantiles messen ihr Lungenvolumen

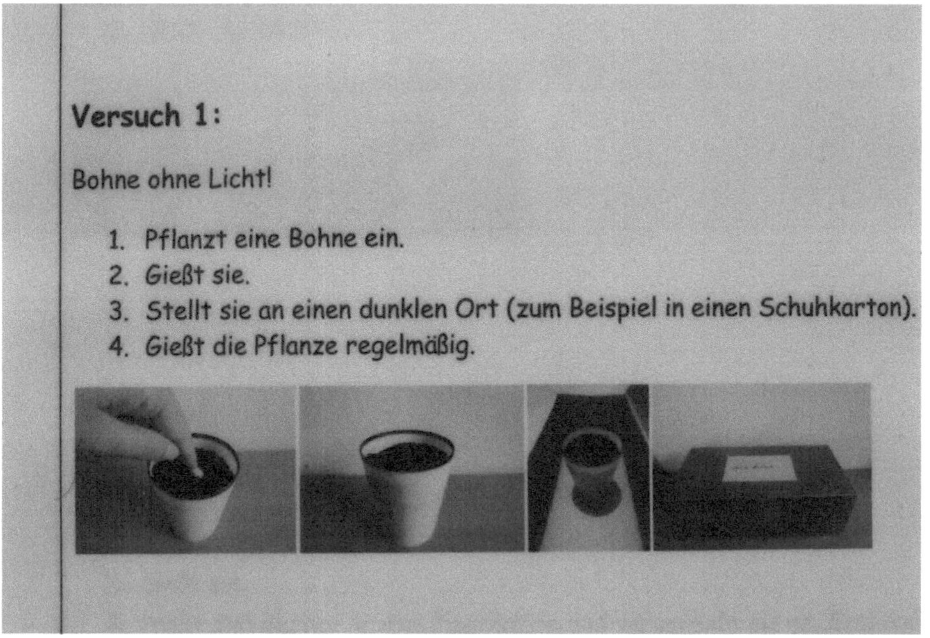

◘ Abb. 10.4   Arbeitsblatt zur Beobachtung des Pflanzenwachstums ohne Licht

aus Samen auf. Sie lernen dabei den Aufbau des Samens kennen und beobachten den Wachstumsprozess genau – in Abhängigkeit der Wasser- und Lichtversorgung (siehe ◘ Abb. 10.4). Sie erfahren, welche Randbedingungen für das Wachsen der Pflanzen förderlich sind. Dazu entwickelten die Studierenden auch Spiele mit Bohnensamen und ein Rezept für Chili con Carne zum Nachkochen.

10.6 Projekte zur Fotografie

Im Jahr 2010 stellten Bettina Scheobel, Sieverina Bettex und Maria Margraf in unserem Seminar im Rahmen des Masterstudiengangs Straßenpädagogik an der Pädagogischen Hochschule Heidelberg Experimente zusammen, die Straßenkinder an fotographische Techniken heranführen sollen. Die Kinder bauen in diesem Projekt Lochkameras und erkunden unterschiedliche Techniken beim Arbeiten mit Fotopapier: Fotogramm (siehe ◘ Abb. 10.5), Chemogramm und Fotobatik.

Eduardo Bacquet-Pérez entwickelte und erprobte im Rahmen seiner Promotion ein Projekt zur Fotografie, in dem Kinder einer sozialen Einrichtung in Deutschland über Experimente zu Licht und Körperfarben eine Lochkamera bauten, damit fotografierten und die Fotos selbst in einer Dunkelkammer entwickelten und vergrößerten. Dieses Projekt lief über mehrere Monate und zeigte sehr positive Auswirkungen auf die Entwicklung der beteiligten Kinder.

10.7 Zaubern

Robert Heinrich ersann 2012 in unserem Seminar im Rahmen des Masterstudiengangs Straßenpädagogik an der Pädagogischen Hochschule Heidelberg einen „mobilen Zauberkasten für die Straße". Dafür stellte er drei naturwissenschaftliche „Tricks" zusammen, die den Kindern einerseits interessante Phänomene bekannt und begreifbar machen sollen und die andererseits auch von Kindern auf der Straße vorbereitet und vorgeführt werden können.

10.8 Wärmeenergie und Wärmedämmung

Kerstin Rottenbach und Anja Stübler erschlossen 2010 in unserem Seminar im Rahmen des Masterstudiengangs Straßenpädagogik an der Pädagogischen Hochschule Heidelberg einige „Experimente zur Wärmeenergie" für den Unterricht mit Straßenkindern. Es geht dabei zunächst um die Wahrnehmung von Wärme. Stahlwolle wird mit einer Batterie zum Glühen gebracht und eine Lupe dient als Brennglas. In kleinen Teilprojekten können Kinder das Modell eines Kühlschranks bauen, der die Verdunstung von Wasser nutzt.

Maren Basfeld orientierte sich an den Gegebenheiten in wärmeren Ländern und entwickelte einen Unterrichtsgang, in dem kleine Modellhäuser mit Wärmedämmungen aus verschiedenen Materialien versehen werden können, um die thermischen Eigenschaften zu untersuchen. Geklärt werden kann damit die Frage, wie eine Hütte gebaut bzw. ausgestattet sein sollte, damit sie innen schön kühl bleibt.

10.9 Boote bauen

Ulf Prokein und Eduardo Bacquet-Pérez entwickelten und erprobten in unserem Seminar im Rahmen des Masterstudiengangs Straßenpädagogik an der Pädagogischen Hochschule Heidelberg ein Unterrichtskonzept zum Bau kleiner Modellboote unterschiedlichen Typs. Unter anderem kommen dabei Korken und Gummimotorantriebe zum Einsatz. Dieses Projekt eignet sich sehr gut für eine Ferienfreizeit in der Natur.

10.10 Akustische Phänomene

Katherine González und Severino Ferreira de Silva beschäftigten sich in unserem Seminar im Rahmen des Masterstudiengangs Straßenpädagogik an der Pädagogischen Hochschule Heidelberg mit Experimenten zur Akustik. Aus Kaffeelöffeln, die in einem Karton aufgehängt werden, entsteht ein Metallophon, aus Bechern ein Schnurtelefon, und mit einem Kleiderbügel werden Klänge produziert, die sich über eine Schnur an das Ohr weiterleiten lassen.

10.11 Lautsprecher bauen auf der Straße

Katharina Hennegriff entwickelte 2012 in unserem Seminar im Rahmen des Masterstudiengangs Straßenpädagogik an der Pädagogischen Hochschule Heidelberg ein Projekt mit Blick auf ihre eigene Straßenszenen-Arbeit in Mannheim. Ein Lautsprecher für MP3-Player oder ähnliche Geräte soll aus einer Getränkedose als Box zusammen gebaut werden. Während des Baus sollen die Jugendlichen, abgestimmt auf ihre Bedürfnisse, die Möglichkeit haben, etwas über Elektrizität, Magnetismus, Verstärker und Lautsprecher zu lernen.

10.12 Optische Täuschungen

Silke Christ-Weißensee und Anne Möcher stellten eine Anzahl von optischen Täuschungen für die Arbeit mit Straßenkindern zusammen und bereiteten sie didaktisch auf.

Serviceteil

Sachverzeichnis – 146

© Springer-Verlag GmbH Deutschland, ein Teil von Springer Nature 2018
M. Welzel-Breuer, E. Breuer, *Physik (nicht nur) für Straßenkinder*,
https://doi.org/10.1007/978-3-662-57663-2

Sachverzeichnis

A

Abbilden mit Linsen 128
Akustik 143
Allgemeinbildung 7
Atmung 140

B

Bildung 5
– fehlende 9
– naturwissenschaftliche 7
Bildungsangebot 6
Boote bauen 143

D

Deutschland 16

E

Elektromagnet 103
Elektromotor 95
Experimentieridee 74

F

Fachdidaktik 28, 29
Fähigkeit, sprachliche 32
Farbe 134
Fernrohr 131
Flüchtlingskind 14, 18
Fotografie 141

G

Gegenstand, magnetisierbarer 101
Glühlampe 77, 79

H

Halbschatten 115

K

Kaleidoskop 121
– bauen 138
Kernschatten 115
Kinder in schwierigen Lebensla-
gen 14, 18, 28
Kolumbien 15
Kompetenz 36
– Definition 36
Körperfarbe 134

L

Lautsprecher 143
Lehr-Lern-Forschung 28
Lehr-Lern-Situation 28
Leiter und Nichtleiter 80
Leiterkette 82
Leitfähigkeit 85
Lernbedürfnis 29
Lernprozess 31
Lernprozessforschung 28
Lernumgebung
– authentische 29
– lernprozessadäquate 31
Lernziel 32
Leuchtdiode 84
Lupe 127

M

Magnet 101
Menschenrechte 5
Motivation 29

N

Nachzeichnen, spiegelverkehrtes 117

O

Oersted-Experiment 102
Optik 108

P

Patio 42
– Patio 13 – Schule für Straßenkin-
der 18
Pflanzenwachstum 140
Phänomen
– akustisches 143
– optisches 108
Physik für Flüchtlinge 17
Projekt, naturwissenschaftliches 138

R

Reedkontakt 105
Rotbrille 134

S

Schalter 91
Schaltungskombination 90
Schatten 113
– zweier Lichtquellen 115
Schattenbild 110, 113
Sehen und Wahrnehmung 138
Selbstkonzept 29
Solarzelle 95, 97, 98
Spektralfolie 132
Spiegel, halbdurchlässiger 119
Sprache 32
Stabmagnet 100
Straßenkind 14, 18
Straßenkinderpädagogik 22
Straßenpädagogik 22
Stromkreis, elektrischer 76, 93, 94
– Glühlampe 77

T

Täuschung, optische 143

U

Unendlichkeit 121
UNESCO-Weltbildungsbericht 6
UN-Kinderrechtskonvention 5

W

Wärmedämmung 142
Wärmeenergie 142
Wasserlinse 127
Wasserzylinder 124

Z

Zaubern 142
Zeit 138
Zeitmessung 138
Zuwendung 31

Zylinderlinse 125